U0750117

射线检测

主　　编：虞雪芬

副主编：傅军平　金　英　陶建平

编　　委(按姓氏拼音排序)：

郭伟灿　黄　群　金南辉　李夏书　滕　霞

姚舜刚　张艳丽　周　宇

主　　审：郭伟灿　蔡伟勇

审稿人员：郭伟灿　滕　霞

浙江工商大學出版社
ZHEJIANG GONGSHANG UNIVERSITY PRESS

图书在版编目(CIP)数据

　　射线检测 / 虞雪芬主编 . -- 杭州：浙江工商大学
出版社 , 2018.11
　　浙江省特种设备无损检测Ⅰ级检测人员培训教材
　　ISBN 978-7-5178-2538-8

　　Ⅰ. ①射… Ⅱ. ①虞… Ⅲ. ①射线检验－技术培训－
教材 Ⅳ. ① TG115.28

　　中国版本图书馆 CIP 数据核字 (2018) 第 232987 号

浙江省特种设备无损检测Ⅰ级检测人员培训教材
——射线检测

虞雪芬　主编

责任编辑　杨　戈

封面设计　胡赣昌

责任印制　包建辉

出版发行　浙江工商大学出版社

　　　　　　（杭州市教工路 198 号　邮政编码 310012）

　　　　　　（E-mail: zjgsupress@163.com）

　　　　　　电话：0571-88904980, 88831806（传真）

印　　刷　虎彩印艺股份有限公司

开　　本　787mm×1092mm　1/16

印　　张　10

字　　数　240 千

版 印 次　2018 年 11 月第 1 版　2018 年 11 月第 1 次印刷

书　　号　ISBN 978-7-5178-2538-8

定　　价　30.00 元

前　言

为做好射线检测一级人员的考核培训工作，提高检测人员的理论基础和操作技能，提升射线检测质量，为检测对象提供最真实的反应，浙江省特种设备检验研究院组织省内专家编写了这本《射线Ⅰ级》。

本书作为一本射线检测人员Ⅰ级考核取证的培训教材，在内容设计时，一方面与《特种设备无损检测人员考核规则》考纲大纲紧密结合，章节顺序均按照考核大纲的逻辑顺序设置；另一方面考虑Ⅰ级取证人员的知识基础，编写时力求简单具体，讲解时多实例，少纯粹的理论推算与分析。

本书也可作为大专院校教材、企业内部培训教材使用。

由于时间仓促，水平有限，经验不足，可能会出现不少疏漏，诚恳批评指正。

编者

2018年10月18日

目 录

第一部分
无损检测基本知识

第1章 材料基本知识

在人类文明发展进程中，人类天生就会利用自然界中的各种材料来为自己服务，用以改善自己的生活。始祖类人猿会利用天然树木、石块制造简单工具。现代人更是将各种材料进行加工、组合，研制成各种复杂结构件，成为我们生活中不可或缺的工具、器械和设备。

每种材料都有其特性，如果对其有了透彻的认识，并且加以充分利用，制成的工具、器械和设备就能有较强的抵抗破坏的能力，能够稳定地发挥其功效，为人们的生活带来便利，为经济的腾飞提供动力。

如图1-1所示，河北赵县的赵州桥（石拱桥），已经有1 400多年的历史，历经8次地震不倒；山西大同应县佛宫寺释迦塔（木塔），建成已经900余年，历经数次地震不倒；如今对国民经济发展举足轻重的石油化工系统生产装置，更是各种结构件的大集成。

赵州桥　　　　　　　　　释迦塔　　　　　　　石油化工系统生产装置

图1-1

我们将组成各种简单或者复杂结构件（工具、器械和设备）的最基本组成部分称为构件。构件能否为人类进行持久、安全、稳定的服役，由构件之间相互作用力以及构件自身性质共同作用决定。了解材料力学的基本知识，有助于我们研究各种构件的性能和寿命。

1.1 材料力学基本知识

构件是组成结构件的最基本组成部分，结构件的安全、稳定与寿命，与构件的受力状况以及构件的受力之后的性能密切相关。

1.1.1 应力和应力集中

（1）应力

构件在工作过程中，受到的来自外部作用的力，称之为外力。外力包括载荷和约束力。外力的作用形式可分为体积力、表面力。

苹果之所以能够砸到牛顿的头上，没有漂浮在空中，是因为苹果受到了地球施加的引力。引力只和物体的质量有关，与物体的形状、大小没有关系。而质量是连续分布于物体内部各点的，因此，物体所受的引力是连续分布于物体内部各点的。

像引力这样，连续分布于物体内部各点的力，称为体积力。

表面力根据受力面积不同，又分为分布力和集中力两种。连续分布于物体表面的力，称为分布力，如水坝受到的水压力；若外力作用面积远小于物体表面的尺寸，可将其看作作用于一点的集中力，如火车车轮对钢轨的压力。如图1-2所示：

（a）水坝受到的水压力　　　　　　（b）火车轮对钢轨的压力

图1-2

构件由于受到外力作用，在其内部会发生微弱或者较大的变形，从而在内部形成附加作用力，称之为内力。

常用截面法分析构件的内力情况。如图1-3所示：取F_1，F_2，F_3，$F_4$4个力作用下的平衡圆柱体中部任一个截面，将圆柱体分为两个部分。对于弹性平衡状态的物体，其所受的外力是相互平衡的，并且内力与外力平衡，内力与内力也平衡。

圆柱体截面两侧的两个部分仍然会是平衡状态，则截面上必然存在内力F_N，F_{QY}或F_{QZ}，扭矩M_X，弯矩M_Y或M_Z。

（a）

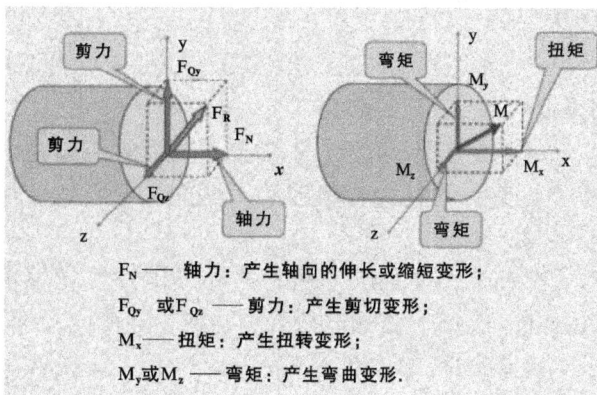

F_N —— 轴力：产生轴向的伸长或缩短变形；

F_{Qy} 或 F_{Qz} —— 剪力：产生剪切变形；

M_x —— 扭矩：产生扭转变形；

M_y 或 M_z —— 弯矩：产生弯曲变形.

（b）

图1-3

外力有大小之分，必然导致内力也有强弱之分。常用内力集度，即应力来表示内力的强度。所谓应力，就是截面上单位面积上的内力：方向平行于轴向的应力称为正应力。正应力可分为拉应力和压应力两种，圆柱截面上的正应力为 $\sigma = N/A$，方向垂直于轴向的应力为剪应力。

拉应力是能够使材料伸长的应力，压应力是能使材料缩短的应力，剪应力是能使材料沿应力平行方向产生位移的应力。所有的应力，不论有多复杂，都可以描述成两个或多个基本应力的组合。如图1-4所示：

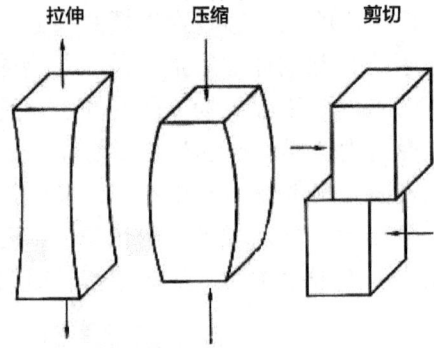

图1-4

（2）应力集中

为什么食品或药品包装袋上都有锯齿？为什么售货员在卖布时，先剪一个小口，再用力撕开？切割玻璃时，为什么要先用金刚石划痕，再轻敲？其实，这都是应用了应力集中的原理。研究发现，构件外形尺寸发生突然变化时会引起构件局部应力急剧增大的现象，称之为应力集中。

中间开孔的圆柱形构件在外力F作用下，其空边缘（尺寸变化处）出现应力集中，截面中最大应力 σ_{max} 就发生在尺寸突变的空边缘处。如图1-5所示：

研究和实践表示，构件上的角越尖、孔越小，尺寸变化越急剧，应力集中程度越严重；在构件上开孔、开槽时，应采用圆形、椭圆形或带圆角的，避免或禁止开方形及带尖角的孔槽，在截面改变处采用圆弧光滑过渡，且尽量增大圆弧倒角半径。

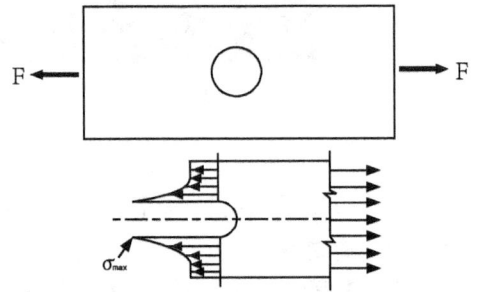

图1-5

1.1.2　力学性能指标

材料是在不同的外界条件下使用的，如在载荷、温度、介质、电场等作用下将表现出不同的行为，即材料的使用性能。材料的使用性能主要包括物理性能、化学性能、力学性能。

材料的力学性能是指材料在不同环境（温度、介质、湿度）下，承受各种外加载荷（拉伸、压缩、弯曲、扭转、冲击、交变应力等）时所表现出的力学特征。

金属材料的力学性能指标表征金属在各种形式外力作用下抵抗变形或破坏的能力。它是评定材料质量、判定材料使用性能的依据，也是设计选材和进行强度计算的主要依据。

金属材料的力学性能包括常温下的强度、塑性、硬度、韧性，以及特定条件下的力学性能，例如高温强度、低温冲击韧度、疲劳极限、断裂力学性能等。

可以通过金属力学性能试验来测定金属力学性能指标。常见的金属力学性能试验包括拉伸试验、弯曲试验、剪切试验、冲击试验、硬度试验、蠕变试验、应力松弛试验、疲劳试验、断裂韧度试验、磨损试验等。

（1）强度

金属的强度是指金属抵抗永久变形和断裂的能力。

金属拉伸试验是检验金属材料力学性能普遍采用的极为重要试验方法之一，可测定金属材料的强度与塑性指标。此种方法就是将具有一定尺寸和形状的金属光滑试样夹持在拉力实验机上，在温度、应力状态和加载速率确定的条件下，对试样逐渐施加拉伸载荷，直至把试样拉断为止。图1-6所示为拉伸试验示意图。

碳钢拉伸试验后，可获得如1-7所示应力—应变图。

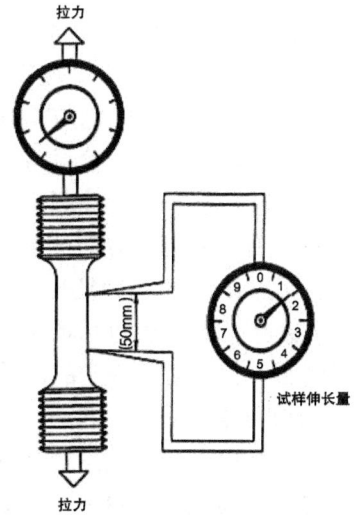

图1-6　拉伸试验示意图

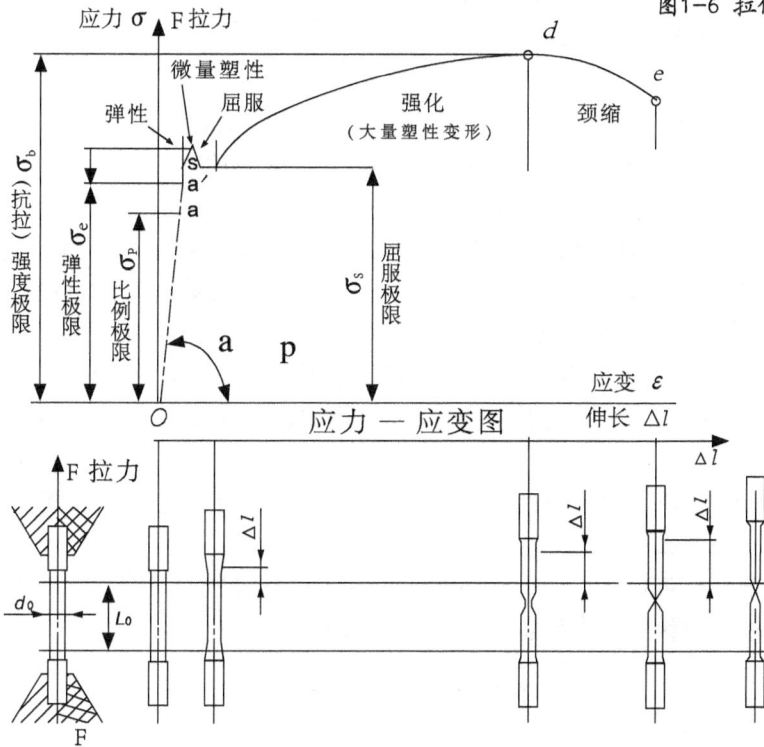

图1-7

分析应力—应变曲线，可将拉伸分为4个阶段：

1）弹性阶段

曲线的oa`段。当施加载荷不超过a`点时，材料发生弹性变形，卸载后试件的变形可完全消失，称此时的应力 σ_e 弹性极限。其中曲线的oa段为直线，此段应力与应变成正比，即材料满足虎克定律，a点对应的应力 σ_p 称为比例极限。

2）屈服阶段

曲线在s点以后有一段微小颤动的水平线：此段又称为流动阶段。在此阶段，曲线试样应变急剧地增加，而应力却在很小范围内（图中锯齿状线）波动，材料已经失去抵抗继续变形的能力。这一阶段材料的主要变形是塑性变形。如果略去这种荷载读数的微小波动不计，这一阶段在拉伸图上可用水平线段来表示。若试样经过抛光，则在试样表面将看到大约与轴线成45°方向的条纹，称为滑移线。称s点为屈服点，对应的应力 σ_s 为屈服极限或屈服点 σ_s，单位为MPa。

除退火或热轧的低碳钢和中碳钢等有屈服现象外，多数工程材料的屈服点不明显或没有屈服点，此时以规定的原始标距产生0.2%的伸长的应力作为屈服强度，用 $\sigma_{p0.2}$ 表示。

3）强化阶段

曲线的s-d段。经过屈服阶段的变形后，材料恢复抵抗变形的能力，应力值增加才能使材料继续变形，这种现象称为加工硬化。曲线最高点d点对应的拉力 F_p 是拉伸中所能承受的最大载荷，对应的应力称为材料的抗拉强度，用 σ_b 表示，单位为MPa。一般随着含碳量的增加，材料的抗拉强度也会增加。

4）颈缩阶段

曲线的d—e段。应力达到抗拉强度 σ_b 后，试件的某一局部开始变细，出现所谓颈缩现象。由于颈缩部分横截面积急剧变小，因而试件持续变形所需要的应力也减小，强度开始明显下降，到达e点时试件断裂。

抗拉强度与屈服强度是评价金属材料力学性能的两个重要指标。一般金属材料追求稳定性，一般都在弹性状态下工作，不允许发生塑性变形。故零件设计选材时，一般应以 σ_s 为主要依据，并加上适当的安全系数（一般 n_s=1.5~2.0）。但 σ_b 的测定比较方便精确，因此也有直接用 σ_b 作为设计依据的，从安全方面考虑，用 σ_b 作为设计依据采用较大的安全系数（一般nb=2.0~5.0）。由于脆性材料无屈服现象，则必须以 σ_b 作为设计依据。

（2）塑性

塑性是指材料在载荷作用下在断裂前发生不可逆永久变形的能力。评定材料塑性的指标通常用伸长率和断面收缩率。

金属材料在进行拉抻试验时，试样拉断后，其标距部分的总伸长 $\triangle L$ 与原标距长度 L_0 之比的百分比，称为伸长率，也称延伸率，用 δ 表示。

$$\delta = \frac{\triangle L}{L_0} \times 100\% = \frac{L_1 - L_0}{L_0} \times 100\% \tag{1-1}$$

式中：L_1—— 拉断后试件标距长度，L_0—— 试件原标距长度。

按试样长度的不同，有长试样（L_0=10d）与短试样（L_0=5d）之分。其对应的断后伸长率分别以 δ_{10} 和 δ_5 表示。同一材料，δ_5 较大而 δ_{10} 较小，故只有用相同符号的延伸率才能相互比较。

金属试样在拉断后，其颈缩处横截面面积的最大缩减量与原横截面面积的百分比，称为断面收缩率，用 ϕ 表示。塑性材料的断面收缩率较大，脆性材料的断面收缩率较小。

$$\phi = \frac{\triangle A}{A_0} \times 100\% \tag{1-2}$$

式△A：——缩颈处横截面面积的最大缩减量，A_0——原来的横截面面积。

对必须承受强烈变形的材料，塑性指标具有重要意义。塑性优良的材料冷压成型的性能好。此外，重要的受力元件要求具有一定塑性，因为塑性指标较高的材料制成的元件不容易发生脆性破坏，在破坏前元件将出现较大的塑性变形，与脆性材料相比有较大的安全性。塑性良好的低碳钢和低合金钢的 δ_5 值都在25%以上。国内锅炉压力容器材料的伸长率，一般至少要求达10%以上。

伸长率和断面收缩率还表明材料在静载和缓慢拉伸状态下的韧性。在很多情况下，收缩率高的材料可承受较大的冲击吸收功。

对材料塑性的要求有一定限度，但并不意味着越大越好。单纯追求塑性，会限制材料强度使用水平的提高，造成产品粗大笨重，浪费材料和使用寿命不长。

（3）硬度

硬度是材料抵抗局部塑性变形或表面损伤的能力。硬度与强度有一定关系。一般情况下，硬度较高的材料其强度也较高，所以可以通过测试硬度来估算材料强度。此外，硬度较高的材料耐磨性较好。

工程上常用的硬度试验方法有：布氏硬度HB、洛氏硬度HR、维氏硬度HV、里氏硬度HL。

（4）韧性

韧性是指金属在断裂前吸收变形能量的能力，可用来表征金属材料抵抗冲击载荷的能力。韧性可以通过冲击试验测出的冲击韧度来表征。试样在冲击试验力一次作用下折断时所吸收的功称为冲击吸收功。冲击试样缺口底部单位横截面面积上的冲击吸收功称为冲击韧度。冲击韧度是评定金属材料在动载荷下承受冲击抗力的机械性能指标，用 α_k 表示，单位为J/cm^2。

1.2　金属材料热处理基本知识

1.2.1　钢热处理的一般过程

热处理是将固态金属及合金按预定的要求进行加热、保温和冷却，以改变其内部组织，从而获得所要求性能的一种工艺过程。由于钢是制造承压设备使用最广泛的金属材料。因此，本节只介绍钢的热处理。

在实际生产过程中，热处理过程是比较复杂的，可能由多次加热和冷却过程组成，但其基本工艺是由加热、保温和冷却3个阶段构成，温度和时间是热处理的主要因素。任何热处理过程都可以用温度—时间曲线来说明，图1-8所示即为基本热处理工艺曲线图。

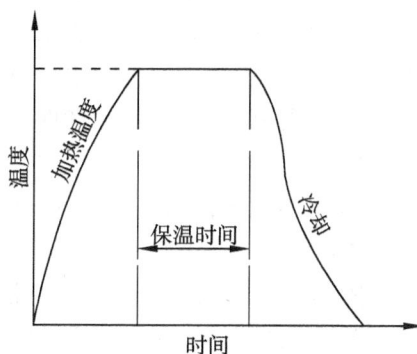

图1-8　热处理基本工艺曲线图

1.2.2　特种设备常用的热处理种类、工艺及其应用

（1）特种设备常用的热处理

根据钢在加热和冷却时的组织与性能变化规律。热处理工艺分为退火、正火、淬火、回火及化学热处理等，本节主要介绍与承压类特种设备有关的热处理工艺。

1）退火

退火是一种金属热处理工艺，指的是将金属缓慢加热到一定温度，保持足够时间，然后以适宜速度冷却。

退火目的：降低硬度，改善切削加工性；消除残余应力，稳定尺寸，减少变形与裂纹倾向；细化晶粒，调整组织，消除组织缺陷。

2）正火

正火处理的目的主要为改善母材及焊缝的综合机械性能，提高韧性和塑性，细化晶粒，消除冷作硬化，便于加工。采用电渣焊的承压设备往往通过正火处理改善焊缝组织，细化晶粒，同时为超声检测提供条件。

正火即是把所要处理的工件，摆放在加热设备里，根据不同的材料及性能要求选择相应的加热温度，保温时间按工件的有效厚度每mm保温1.5~2.5min计算。保温结束后，出炉空冷、风冷或者雾冷。

承压设备常用钢材，如Q345R、Q370R等材料都需正火处理，而$18MnMoN_bR$、$13MnNiMoN_bR$、15CrMo、12Cr1MoV等材料正火后还需补充回火，以改善钢材的组织性能。

3）淬火

淬火是将钢加热到相变临界温度以上30~50℃，经过适当保温后快冷，使奥氏体转变为马氏体的过程。材料通过淬火获得马氏体组织，可以提高其硬度和强度，这对于轴承、模具之类的工件是有益的。但马氏体硬而脆，韧性很差，内应力很大，容易产生裂纹。承压类特种设备材料和焊缝的组织中一般不希望出现马氏体。

4）回火

回火是将经过淬火的钢加热到下相变临界温度（珠光体向奥氏体转变温度）以下的适当温度，保持一定时间，然后用符合要求的方法冷却（通常是空冷），以获得所需组织和性能的热处理工艺。回火的主要目的是降低材料的应力，提高韧性。通过调整回火温度，可获得不同的硬度、强度和韧性，以满足所要求的力学性能。此外，回火还可稳定零件尺寸，改善加工性能。

按回火温度的不同可将回火分为低温、中温、高温回火3种。

淬火后在150~200℃范围内的回火称为低温回火，回火后的组织为回火马氏体。主要用于各种高碳钢制成的工具、滚珠轴承等。

淬火后在350~500℃范围内的回火称为中温回火。回火后的组织为回火屈氏体。主要用于模具、弹簧等。

淬火后在500~650℃范围内的回火称为高温回火。回火后的组织为回火索氏体。其

性能特点是：具有一定的强度，同时又有较高的塑性和冲击韧性，即有良好的综合机械性能。

淬火加高温回火的热处理又称为调质处理，许多机械零件如齿轮、曲轴等均需经过调质处理。承压类特种设备用的低合金高强度钢板，也采用调质处理。与正火相比，在相同硬度下，调质处理后钢的强度、塑性和韧性较正火有明显提高。

调质处理也存在一些缺点，由于淬火时冷却较剧烈，易造成工件变形甚至开裂，同时对热处理设备要求也较高。

5）奥氏体不锈钢的固溶处理和稳定化处理

把铬镍奥氏体不锈钢加热到1050~1100℃（在此温度下，碳在奥氏体中固溶），保温一定时间（大约每25mm厚度不小于1h），然后快速冷却至421℃以下（要求从925~538℃冷却时间小于3min），以获得均匀的奥氏体组织，这种方法称为固溶处理。固溶处理的铬镍奥氏体不锈钢，其强度和硬度较低而韧性较好，具有很高的耐腐蚀性和良好的高温性能。

对于含有钛或铌的铬镍奥氏体不锈钢，为了防止晶间腐蚀，必须使钢中的碳全部固定在碳化钛或碳化铌中。以此为目的的热处理称为稳定化处理。稳定化处理的工艺条件是：将工件加热到850~950℃，保温足够长的时间，快速冷却。

1.2.3　消除应力退火的处理目的和方法

退消除应力处理主要目的是消除焊接、冷变形加工、铸造、锻造等加工方法所产生的应力。焊后热处理（PWHT）是其中最重要的一种，除了消除应力外，还能使焊缝的氢较完全地扩散，提高焊缝的抗裂性和韧性。此外，对改善焊缝及热影响区的组织、稳定结构形状也有作用。

消除应力处理的加热温度根据材料不同而不同，一般是将工件加热到金相组织发生变化的临界温度以下100~200℃。碳钢和低合金钢大致500~650℃，保温然后缓慢冷却。消除应力处理加热方法多种多样，可分整体焊后热处理和局部焊后热处理两大类。前者效果好于后者。整体焊后热处理又可分炉内整体热处理和内部加热整体热处理。后者是利用容器本身作为炉子或烟道，在其内部加热来完成热处理过程，通常用于大型容器的现场热处理，称为现场整体消除应力退火处理。局部焊后热处理常用的方法，有炉内分段热处理和圆周带状加热热处理。

1.3　特种设备常用材料

特种设备安全性要求较高，对制作特种设备，尤其是承压类特种设备的材料有一定的要求。这些要求包括：

（1）为保证安全性和经济性，所用材料应有足够的强度，即较高的屈服极限和强度极限。

（2）为保证在承受外加载荷时不发生脆性破坏，所用材料应有良好的韧性。根据使用状态的不同，材料的韧性指标包括常温冲击韧性、低温冲击韧性以及时效冲击韧性等。

（3）所用材料应有良好的加工工艺性能，包括冷、热加工成型性能和焊接性能。

（4）所用材料应有良好的金相组织和表面质量，分层、疏松、非金属夹杂物、气孔等缺陷应尽可能少，不允许有裂纹和白点。

（5）用以制造高温受压元件的材料应具有良好的高温特性，包括足够的蠕变强度、持久强度和持久塑性，良好的高温组织稳定性和高温抗氧化性。

（6）与腐蚀介质接触的材料应具有优良的抗腐蚀性能。

低碳钢、低合金钢、奥氏体不锈钢是制做承压类特种设备常用的金属材料。根据需要，也有采用其他材料制做承压类特种设备的，例如铸钢、铸铁、铜、铝及铝合金、铁及铁合金、镍及镍合金、铁素体不锈钢、铁素体—奥氏体双相不锈钢等。此外，承压类特种设备锻件和螺栓也有采用中碳钢的。本节主要介绍钢的分类，牌号以及低碳钢，低合金钢，奥氏体不锈钢的有关特性。

1.3.1 低碳钢、低合金钢定义

（1）钢的分类和命名

钢的分类方法有"按化学成分分类"和"按主要质量等级和主要性能及使用特性分类"两种。

1）碳钢的分类和命名

碳钢属于非合金钢范畴。碳钢以铁与碳为两个基本组成元素，此外还存在少量的其他元素，例如Mn、Si、S、P、O、N、H等。这些元素不是为了改善钢的性能而特意加入的，而是由于冶炼过程无法去除，或是由于冶炼工艺需要而加入的。这些元素在碳钢中被称为杂质元素。

①按含碳量分类：

低碳钢，C≤0.25%的碳钢为低碳钢；

中碳钢，0.25%＜C≤0.6%的碳钢为中碳钢；

高碳钢，C＞0.6%的碳钢为高碳钢。

②按钢的质量（即S、P含量）分类：

普通碳素钢，S≤0.050%，P≤0.045%；

优质碳素钢，S≤0.040%，P≤0.040%；

高级优质碳素钢，S≤0.030%，P≤0.035%。

③按冶炼时脱氧程度分类：

a.沸腾钢（F），浇注前未作脱氧处理，钢水注入锭模后，钢中的氧与碳反应，产生大量CO气泡而引起钢液沸腾，故称沸腾钢。沸腾钢成材率高，材料塑性好，但组织不致密，化学成分偏析大，力学性能不均；

b.镇静钢（Z），浇注前作充分脱氧处理，浇注时无CO气泡产生，锭模内钢液平静，故称镇静钢。镇静钢材质均匀致密，强度较高，化学成分偏析小，但成材率低，成本高。

　　c.半镇静钢（b），钢液脱氧程度不够充分，浇注时产生轻微沸腾，钢的组织、性能、成材率介于沸腾钢和镇静钢之间。

　　④按钢的用途分类：

　　碳素结构钢，主要用于制作各种工程结构件和机器零件，一般为低碳钢。

　　碳素工具钢，主要用于制作各种刀具、量具、模具等，一般为高碳钢。

　　另外，按冶炼方法分类：可分为平炉钢、转炉钢和电炉钢。按炉衬里材料又可分酸性和碱性两类。

　　牌号表示方法：

　　钢的牌号由代表屈服强度的字母、屈服强度数值、质量等级符号、脱氧方法符号等4个部分按顺序组成。例如：Q235AF。

　　符号说明：

　　Q——钢材屈服强度"屈"字汉语拼音首位字母；

　　A、B、C、D——分别为质量等级；

　　F——沸腾钢"沸"字汉语拼音首位字母；

　　Z——镇静钢"镇"字汉语拼音首位字母；

　　TZ——特殊镇静钢"特镇"两字汉语拼音首位字母。

　　在牌号组成表示方法中，"Z"与"TZ"符号可以省略。

2）合金钢的分类和命名

　　在钢中特意加入了除铁、碳以外的其他合金元素（如：锰、铬、镍、钼、铜、铝、硅、钨、钒、铌、锆、钴、钛、硼、氮等）以改善钢的性能，这一类钢称为合金钢。

　　①合金钢分类

　　按合金元素加入量分类：

　　低合金钢，合金元素总量≤5%；

　　中合金钢，5%＜合金元素总量≤10%；

　　高合金钢，合金元素总量＞10%。

　　按用途分类：

　　合金结构钢，可分为专用于制造各种工程结构和机器零件的钢种。

　　合金工具钢，专用于制造各种工具的钢种。

　　特殊性能合金钢，具有特殊物理、化学性能的钢，如：耐酸、耐热和电工钢等。

　　按钢的组织分类：可分为珠光体钢、奥氏体钢、铁素体钢、马氏体钢等。

　　按所含主要合金元素分类：可分为铬钢、铬镍钢、锰钢、硅钢等。

　　②合金钢牌号表示方法

　　我国合金钢牌号按含碳量，合金元素种类和含量，质量级别和用途来编排。牌号首部用数字表明含碳量，为区别用途，低合金钢、合金结构钢用2位数表示平均含碳量的万分比；高合金钢、不锈耐酸钢、耐热钢用1位数表示平均含碳量的千分比，当平均含碳量小于0.1%时用"0"表示，含碳量小于0.03%时用"00"表示。牌号的第二部分用元素符号表明钢中主要合金元素，含量由其后数字标明。当平均含量少于1.5%时不标数字；平均含量为1.5%~2.49%时，标数字2；平均含量为2.5%~3.49%时，标数字3……高级优质合金钢在牌号尾部加A，专门用途的低合金钢、合金结构钢在牌号尾部加代表用途的符号。例如，16MnR，表明该合金钢平均含碳量0.16%，平均含锰量小于1.5%，是压力容器专用钢；OCr18Ni9Ti，表明该合金钢属高合金钢，含碳量小于0.1%，含铬量为17.49%~18.5%，含镍量为8.5%~9.49%，含钛量小于1.5%。

1.3.2 低碳钢中碳和杂质元素对钢性能的影响

碳含量≤0.25%的碳素钢统称为低碳钢，承压特种设备使用的低碳钢一般以热轧或正火状态供货，正常的金相组织为铁素体＋珠光体。

碳是碳素钢中的主要合金元素，碳含量增加会增加钢的强度，降低塑性和韧性，使焊接性能变差，淬硬倾向变大。除碳以外碳素钢中还有少量的锰、硅、硫、磷以及氮、氧、氢等杂质。这些杂质也影响钢的性能：

（1）锰（Mn）

锰一般在冶炼中作为脱氧去硫剂加入，当锰含量＜0.8%时，对钢的性能影响并不大；当Mn含量＞0.8%时，属改变性能有意加入，锰在钢中有增加强度、细化组织、提高韧性的作用。

（2）硅（Si）

硅是在冶炼中作为脱氧剂加入的，少量硅对钢材性能影响不显著，即Si含量＜0.4%时，对钢的性能影响并不大；当Si含量＞0.4%时，硅在钢中有增加强度、硬度、弹性的作用，但会使钢的塑性、韧性降低。

（3）硫、磷

硫、磷都是由矿石、生铁或燃料中带入钢中的有害杂质，硫会由于低熔共晶体熔化而导致钢材出现沿晶界开裂的"热脆"现象；少量磷会溶于铁素体中，由于磷原子直径远远大于铁原子，从而使铁素体晶格畸变严重致使钢塑性、韧性大大降低，特别是在低温时韧性降低会有更加严重的"冷脆"现象。

（4）氮、氧、氢

氮在钢中会形成气泡和疏松，含氮高的低碳钢特别不耐腐蚀，还会使低碳钢出现时效现象，即钢的强度、硬度和塑性，特别是冲击韧性在一定的时间内自发改变的现象。氧存在会使钢的强度、塑性降低，热脆现象加重，疲劳强度下降。含氢高会使钢有氢脆、产生白点等缺陷。

1.3.3 奥氏体不锈钢种类、特点、腐蚀破坏形式

（1）不锈钢的分类：

以铬为主加元素的马氏体不锈钢（1Cr13、2Cr13等）和以铬、镍为主加入元素的奥氏

体不锈钢（0Cr18Ni9、00Cr18Ni10等），其中奥氏体不锈钢在压力容器中应用较为广泛。

（2）奥氏体不锈钢特点：

奥氏体不锈钢的力学性能与铁素体类相比较，其屈服强度低，但屈服后的加工硬化性高，塑性、韧性好，不会发生低温脆性，可以用作低温钢，奥氏体不锈钢也有较好的高温性能，可以作为耐热钢。奥氏体不锈钢在冷加工时，亚稳的奥氏体在塑性变形过程中会形成马氏体，所以奥氏体不锈钢只能采用冷加工方法进行强化处理。

（3）奥氏体不锈钢的腐蚀性

就奥氏体不锈钢的耐蚀性而言，由于使用条件的变化，存在着晶界腐蚀、点蚀。

奥氏体不锈钢晶间腐蚀的原因，一般认为是由于晶间贫铬所致。奥氏体不锈钢具有很高的耐蚀性，是由于钢中含有高铬成分。但如果不锈钢在450-850℃的温度范围内长时间停留，钢中的碳会向奥氏体晶界扩散，并在晶界处与铬化合析出碳化铬（$Cr_{23}C_6$）。于是，在碳化物两侧出现含铬低于11.4%、厚度约为数10至数100nm的贫铬区。这种贫铬使晶间不能抵抗某些介质的浸蚀。所以，这对腐蚀介质就十分敏感。由于焊接时焊缝和热影响区在升降温过程中难以避开450-850℃的温度区间，所以焊接接头金属的晶间容易贫铬而发生晶间腐蚀。除焊接外，其他热加工或使用过程，如温度处于敏感温度区间，也有可能导致奥氏体不锈钢晶间贫铬。

在奥氏体不锈钢焊接接头中，晶间腐蚀可以发生在热影响区，也可以发生在焊缝表面或熔合线上。晶间腐蚀是奥氏体不锈钢较常见的破坏形式。晶间腐蚀沿晶界进行，使晶界产生连续性的破坏。这种腐蚀开始于金属表面，逐步深入其内部，直接引起破裂。产生晶间腐蚀的不锈钢，从外表看不出与正常钢材有什么不同，但是被腐蚀的晶间几乎完全丧失了强度，在应力作用下会迅速产生沿晶间的断裂。最严重的可以完全失去金属性能，轻敲即可碎成粉末。解决晶间腐蚀的措施除选用低碳、超低碳和加钛或铌的奥氏体钢种外，还可通过热处理方法，例如固溶处理和稳定化处理来提高钢的抗晶间腐蚀性能。

点腐蚀是一种局部腐蚀。当介质中含有Cl-，Br-时，会使不锈钢产生点蚀。提高不锈钢抗点蚀能力的方法是增加钢中Cr、Mo、Ni等元素的含量。

第2章　焊接基本知识

　　焊接在特种设备制造中占有重要地位，焊接质量对承压类特种设备的质量和安全可靠性有直接影响。

　　通过加热或加压，或者并用，并且用或不用填充材料，使两种分离的金属物体（同种金属或异种金属）产生原子（分子）间结合而连接成一体的连接方法，称之焊接。

　　为保证焊接取得良好的效果，人们常在被焊结构上制作出不同形式的焊接坡口。所谓焊接坡口形式是指被焊两金属件相连处预先被加工成的结构形式，一般由焊接工艺本身来决定。坡口形式的选择主要应考虑以下因素：（1）保证焊透；（2）填充于焊缝部位的金属尽量少；（3）便于施焊，改善劳动条件；（4）减小焊接变形量，对较厚元件焊接应尽量选用沿壁厚对称的坡口形式。

2.1　特种设备常用焊接方法

　　按焊接工艺特点可分为熔焊、压焊和钎焊3类，其中熔焊是特种设备常用的焊接方法。

2.1.1　熔焊

　　使被连接的构件接头处局部加热熔化成液态，然后再冷却结晶成为一体的方法称为熔焊。如特种设备焊接中常采用的手工电弧焊、埋弧自动焊、氩弧焊、二氧化碳保护焊、等离子弧焊、电渣焊等。

　　手工电弧焊是利用焊条与焊件之间的电弧热，将焊条及部分焊件熔化而形成焊缝的焊接方法。

　　自动焊和埋弧自动焊：焊接过程中，主要焊接操作如引燃、熄灭电弧、送进焊条（焊丝）、移动焊条（焊丝）或工件等都由机械自动完成，叫自动电弧焊；自动电弧焊中，电弧被埋在焊剂层下面燃烧并实施焊接的，叫埋弧自动焊。

　　氩弧焊是以惰性气体氩气作为保护气体的一种电弧焊接方法。.

　　二氧化碳气体保护焊是以二氧化碳气体作为保护气体的电弧焊接方法，它是以焊丝作为电极，靠焊丝与工件之间产生的电弧热熔化焊丝和工件，形成焊接接头。

2.1.2　压焊与钎焊

　　压焊：利用摩擦、扩散和加压等物理作用，克服两个连接件表面的不平度，除去（挤掉）氧化膜及其它污染物，使两个构件连接表面上的原子相互接近到晶格距离（即原子引力作用范围内），从而在固态条件下实现的连接统称固相焊接。

钎焊：采用熔点比母材低的金属材料作钎料，将构件和钎料加热至高于钎料熔点，但低于构件熔点的温度，利用毛细作用使液态钎料润湿构件接触表面直至填充两构件接头间隙，并与构件相互扩散连接的方法称为钎焊。

2.2　焊接接头

2.2.1　常见焊接接头形式、分类及特点

（1）焊接接头形式

焊接结构上的接头，按照被连接结构之间的相对位置及组成的几何形状，可以归纳为图2-1中的是4种类型：

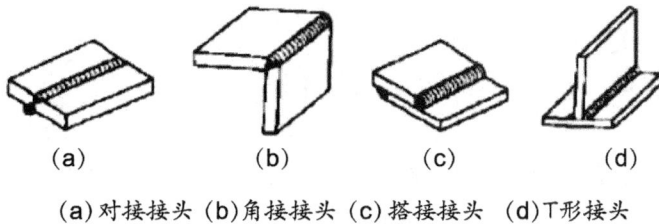

(a)对接接头　(b)角接接头　(c)搭接接头　(d)T形接头

图2-1　焊接接头的基本形式

（2）焊接接头的分类及特点

1）对接接头

将两金属件放置于同一平面内（或曲面内）使其边缘相对，沿边缘直线（或曲线）进行焊接的接头叫对接接头。

对接接头是最常见、最合理的接头形式。圆筒形锅炉压力容器筒身的纵缝、环缝，封头钢板的拼接焊缝，凸形封头与筒身的连接焊缝，接管及管子的对接焊缝等，都是对应属图2-1（a）对接接头。

对接接头处结构基本上是连续的，承载后应力分布比较均匀，在焊接接头设计中，应尽量采用对接接头。但对接接头也有一定程度的应力集中，这主要是接头处截面改变造成的，即焊缝两面的余高或低陷在基本金属与焊缝过渡处造成应力集中。因此在承压类特种设备制造中，不允许焊缝表面低陷，对焊缝余高也有限制，一般应小于3mm。当焊缝根部未焊透或焊缝中存在缺陷时，对接接头中的应力集中将会增大。

2）搭接接头

两块板料相叠，而在端部或侧面角焊的接头称搭接接头。搭接接头不需要开坡口即可施焊，对装配要求也相对松些，图2-1所示的搭接接头的焊缝属于角焊缝，在接头处结构明显不连续，承载后接头部位受力情况比较复杂，有附加的剪力及弯矩，应力集中比对接接头严重，因而较少采用。承压类特种设备一般不允许采用搭接结构，仅在特殊情况下偶尔采用。

3）角接接头及T形接头

两构件成直角或一定角度，而在其连接边缘焊接的接头称角接接头。两构件成T字形焊接在一起的接头，叫T形接头。角接接头和T形接头都形成角焊缝，形式相近，常用于承压类特种设备接管、法兰、夹套、管板、管子、凸缘等的焊接。

角接接头及T形接头，在接头处的构件结构是不连续的，承载后应力分布比较复杂，应力集中比较严重。因而在管板、平封头与筒身连接时，常在管板、平封头边缘加工出板边圆弧，把角接接头转化为对接接头。

单面焊的角接接头及T形接头承受反向弯矩的能力极低，应当避免采用。一般承压类特种设备用角接接头及T形接头都应开坡口双面施焊，或者开坡口单面施焊保证焊透。

根据板厚及工件重要性，角接接头及T形接头有V形、单边V形、U形、K形等坡口形式。

2.2.2 焊接接头组成

焊接接头包括焊缝、熔合区和热影响区3个部分。

（1）焊缝

焊缝是构件经焊接后形成的结合部分。通常是由熔化的母材和焊材组成，有时全部由熔化的母材组成。

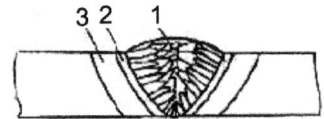

1-焊缝金属 2-熔合区 3-热影响区

图2-2 焊接接头组成示意图

（2）熔合区

熔合区是焊接接头中焊缝焊材金属与母材金属过渡结合的区域，又称不完全熔化区域。它是刚好加热到金属熔点和凝固温度区间的部分。

（3）热影响区

焊接热影响区是在焊接过程中，母材因受热的影响（但未熔化）而发生的金相组织和机械性能变化的区域。热影响区的宽度与焊接方法和焊接工艺有关。

2.2.3 焊接接头的性能

焊接接头中，焊缝金属是母材或者焊材从高温液态冷却至常温固态的。这期间经历了两次结晶过程，即从液相转变为固相的一次结晶过程和在固相状态下发生组织转变的二次结晶过程。由于冶金技术的进步，焊缝金属的化学成分较合理，另外二次结晶的晶粒较细，所以焊缝部位的金属具有较好的力学性能。加上焊缝余高使焊缝部位的受力截面增大。实际上，焊接接头的薄弱部位不在焊缝，而在熔合区和热影响区。

必须指出，焊缝余高并不能增加整个焊接接头的强度，因为余高仅仅使焊缝截面增大而未使熔合区和热影响区截面增大。相反，余高的存在恰好在熔合区和热影响区粗晶区部位造成结构的不连续，从而导致应力集中，使焊接接头的疲劳强度下降。

有关熔合区和热影响区的组织和性能的介绍如下：

焊接过程中，热影响区沿宽度方向各点被加热，但所达到的温度不同，因而焊后组织、性能也不相同。热影响区某点被加热达到的最高温度、在最高温度下停留的时间及随后的冷却速度，都将决定该点的组织情况。

从热处理特性看，用于焊接的结构钢可分为两类：一类是在一般焊接条件下淬火倾向较小的，如低碳钢和含合金元素很少的低合金钢，称为"不易淬火钢"；另一类是含碳量较高或含合金元素较多，在一般焊接条件下淬火倾向较大，称为"易淬火钢"。这两类钢材的焊接热影响区组织也不相同。

2.2.4　焊接应力与变形的不利影响

在焊接过程中，工件受电弧热的不均匀加热而产生的应力及变形是暂时的。当工件冷却后，仍然保留在工件内部的应力及变形叫残余应力及残余变形。我们所说的焊接应力及变形就指的是焊接的残余应力和残余变形。

焊接应力与变形往往使焊接产品质量下降，甚至会因无法补救而不得不报废。

焊接裂纹的产生与焊接应力有密切的关系。焊缝中的残余应力还会影响承压类特种设备的使用性能，残余应力较大的部位往往会发生应力腐蚀或疲劳裂纹。

一般情况下，焊接变形是对焊接质量是不利的，但是若掌握了变形的机理和规律，便能加以控制并利用。例如，利用反变形来校正变形。

2.3　特种设备常用钢材的焊接

2.3.1　钢材的焊接性

不同的钢材在采用一定的焊接方法、焊接材料、焊接参数及焊接结构形式的条件下，获得优质焊接接头的难易程度并不相同，我们称这种特性为钢材的焊接性。钢材的焊接性包括两个方面：

（1）工艺焊接性，主要指焊接接头出现各种裂纹的可能性，也称抗裂性；

（2）使用焊接性，主要指焊接接头在使用中的可靠性，包括焊接接头的力学性能（强度、塑性、韧性、硬度以及抗裂纹扩展的能力等）和其他特殊性能（如耐热、耐腐蚀、耐低温、抗疲劳、抗时效等）。

可以利用碳当量（Ceq，一般碳当量越高，钢材的焊接性越差）和焊接性试验得分方法来确定钢材的焊接性，以作为制定合理的焊接工艺规范的依据。

2.3.2　焊前预热与后热的作用

为提高焊接接头质量，除了合理选择焊接材料外，主要就是控制焊接工艺，包括控制焊接之前的预热、焊接中的线能量和焊后的热处理等工艺。

（1）预热

预热是指焊前对焊件整体或者局部进行适当加热的工艺。预热工艺的主要目的是减小焊接接头焊后的冷却速度、避免产生淬硬的组织和减小焊接应力与变形，是防止焊接裂纹产生的有效办法。

焊接冷却速度影响焊接接头的淬硬倾向（脆硬倾向）。承压特种设备常用的低合金高强钢，其脆硬化倾向的形成温度区间范围大致在800~500℃，通过预热可以显著降低该温度范围的焊接冷却速度，从而增加焊缝金属二次结晶的平衡性，减少导致淬硬倾向的物质的生成（淬硬组织）。预热对焊接热影响区晶粒粗化的影响较小，同时预热还有利于焊缝中氢的逸出，因此是一种较好的降低高强钢焊接冷裂倾向的措施。

预热温度一般选择在的50~250℃之间。预热温度与施焊时的环境温度、钢种的强度级别、坡口的形式、焊接材料类型或焊缝金属的含氢量等有关。钢材焊接所需的预热温度通常通过焊接性试验确定，或采用经验公式计算确定。

焊前预热的有利作用可归纳为如下几点：

①可改变焊接过程的热循环，降低焊接接头各区的冷却速度，遏制或减少淬硬组织的形成；

②减小焊接区的温度梯度，降低焊接接头的内应力，并使其分布均匀；

③扩大焊接区的温度场，使焊接接头在较宽的区域内处于塑性状态，减弱了焊接应力的不利影响；

④改变焊接区应变集中部件，降低残余应力峰值；

⑤延长焊接区在100℃以上温度的停留时间，有利于氢从焊缝金属中逸出。

（2）后热

焊接后立即对焊件的全部(或局部)进行加热或保温，使其缓冷的工艺措施称后热，有时称紧急后热。后热的主要目的是使扩散氢从焊缝中逸出，从而防止产生氢致裂纹。紧急后热温度一般在300~600℃。

对冷裂倾向较大的低合金高强度钢和大厚度的焊接结构焊接时，为了使其扩散氢从焊缝金属中逸出，降低焊缝和热影响区中的氢含量，防止出冷裂，焊后立即将焊件加热到250~350℃温度范围，保温2-6h后空冷，即进行所谓消氢处理。

焊后及时后热处理一般可产生3种有利作用：

①减轻残余应力；

②改善组织，降低淬硬性；

③减少扩散氢。

对于要求高温预热的钢种，有时因产品结构条件(如形状复杂，在结构内部施焊等)的限制，高温预热无法实施。此时，可考虑采用后热并配合低温预热。

为防止产生延迟裂纹，后热温度有一个下限，低于下限温度时，后热就不能防止延迟裂纹的产生。后热下限温度与碳当量有关。碳当量越大，后热下限温度越高。

如果从排除扩散氢的角度考虑，对于奥氏体焊缝进行后热是没有必要的。

另外，较低的后热温度对于消除残余应力并无明显效果，对强度级别较高的高强钢尤其如此。但低温后热对于改善组织或多或少有一定好处。如果为了更好地消除残余应力和改善组织，必须进行焊后消除应力热处理。

（3）焊后热处理

焊后为了改善焊接接头的组织和性能或消除残余应力而进行的热处理，称焊后热处理。对于易产生脆性破坏和延迟裂纹的重要结构，尺寸稳定性要求很高的结构，有应力腐蚀的结构等都应考虑焊后进行消除应力的热处理。

2.3.3　低碳钢的焊接性

低碳钢含碳量低，除冶炼时为脱氧加入的硅、锰外，不含其他合金元素，所以工艺焊接性好，又有一定的强度和韧性，可以满足中低压容器的使用要求。

低碳钢有较好的塑性，没有淬硬倾向，对焊接加热或冷却不敏感，焊缝及热影响区不易产生裂纹；一般焊前不需要预热，但对大厚度构件或在低温环境下焊接，应适当预热；平炉镇静钢杂质少，偏析小，不易产生低熔共晶，产生裂纹几率小（沸腾钢杂质多，产生裂纹几率大）。

低碳钢焊接中，如果工艺不合理时，可能会出现热影响区粗晶现象，且随着温度提高和停留时间的延长，晶粒粗大现象更严重，钢的冲击韧性、断面收缩率下降越多。

低碳钢焊接可采用交、直流电源，适用于各种位置的焊接，且工艺简单。

2.3.4　低合金钢的焊接

低合金钢具有较高的强度，较好的塑性与韧性，工艺性能也较好，特别是强度比低碳钢高得多，因而在承压类特种设备制造中得到广泛的应用。

低合金钢的焊接接头热影响区有淬硬倾向，易出现脆性的马氏体组织，硬度明显提高，塑性和韧性降低。淬硬倾向程度取决于构件材质和结构，焊接方法及规范参数，构件预热温度和环境温度。

低合金钢焊接易产生焊接冷裂纹。冷裂纹具有延迟性特点，是一种焊接接头焊后冷却到300℃至室温范围所产生的裂纹。随着构件材质强度等级的提高，其产生冷裂纹的倾向也增大。通常是出现在热影响区、焊缝根部和焊趾处。3个主要因素决定了冷裂纹发生机率：一是热影响区的氢含量；二是热影响区的淬硬程度；三是接头刚度和焊接应力的大小。

低合金钢含碳量低，且大部分含有一定量的锰，所以抗热裂纹性能较好，一般很少出现热裂纹问题。热裂纹主要发生在电渣焊的焊缝金属中。

2.3.5　奥氏体不锈钢的焊接

（1）奥氏体不锈钢的焊接性

奥氏体不锈钢的焊接性较好，一般不需要采取特殊的工艺措施，但在焊接工艺选择不合理时，会出现晶间腐蚀及热裂纹等缺陷。

所谓晶间腐蚀，是指不锈钢在450~850℃的范围内停留（焊接必然过程），钢中的碳会向奥氏体晶界扩散，并在晶界处与碳铬化合析出碳化铬，使晶间附近成为"贫铬区"而产生晶间腐蚀。大多出现在接头热影响区及熔合区的表面。

奥氏体不锈钢和焊接出现热裂纹，主要是由于奥氏体不锈钢焊缝中枝晶方向性很强，枝晶间有低熔点杂质的偏析，加之奥氏体不锈钢导热系数小（仅为低碳钢的1/2），而膨胀系数比低碳钢大50%左右，使焊缝区产生较大的温差和收缩内应力，所以焊缝中易产生热裂纹。

（2）奥氏体不锈钢焊接中常采取的措施

1）防止晶间腐蚀的措施

在奥氏体不锈钢焊接时。为了防止和减少晶间腐蚀，常采用以下措施：

①在焊缝形成双相组织，将铁素体形成元素铬、硅、钼、铝加入焊缝中，使焊缝形成奥氏体加铁素体的双相组织，则焊缝抗晶间腐蚀的能力就有很大提高。但通常将焊缝中铁素体的含量控制在5~10%左右，避免铁素休过多时焊缝会变脆；

②严格控制含碳量，采用含碳量为0.02~0.03%的超低碳焊接材料和基本金属，即使长期在450~850℃温度下加热也不会形成贫铬区、发生晶间腐蚀；

③添加稳定剂，在钢材和焊接材料中加入能够形成更稳定的碳化物（与碳化铬相比)的元素，如钛、铌等。对提高抗晶间腐蚀能力有十分良好的作用；

④进行焊后热处理，焊后可将焊接接头加热到1 050~1 100℃进行固溶处理，也可将焊接接头加热到850~900℃进行稳定化退火。此时奥氏体晶粒内的铬扩散到晶间，使晶间含铬量上升，贫铬区消失，因而可防止晶间腐蚀；

⑤采用正确的焊接工艺，如采用小电流、大焊速、短弧、多层焊、强制冷却等。

2）防止热裂纹措施

防止热裂纹可以采用下列措施。

①在焊缝中加人形成铁素体的元素，使焊缝形成奥氏体加铁素体双相组织；

②减少母材和焊缝的含碳量。碳是增大热裂倾向的重要元素，所以降低母材和焊缝的含碳量可以有效地防止热裂纹，在必要时，可以采用超低碳奥氏休不锈钢材和焊接材料；

③严格控制焊接规范。减小熔合比，采用碱性焊条，强迫冷却等，是奥氏体不锈钢焊接中预防热裂纹主要工艺措施。

第 3 章 无损检测基本知识

3.1 无损检测概论

3.1.1 无损检测的定义与技术发展阶段

无损检测，是指在不损坏检测对象的前提下，以物理或化学方法为手段，借助相应的设备器材，按照规定的技术要求，对检测对象的内部及表面的结构、性质或状态进行检查和测试，并对结果进行分析和评价。

常规无损检测方法（CG）：射线检测（RT）、超声检测（UT）、渗透检测（PT）、磁粉检测（MT）。

其它无损检测方法：目视检测（VT）、涡流检测（ECT）、TOFD检测、声发射检测（AE）、漏磁检测（MFL）和相控阵检测等。

无损检测技术发展的3个阶段：

第一阶段为无损检查（NDI）：探测和发现缺陷，主要用于产品的最终检验，在不破坏产品的前提下，发现零件中的缺陷。满足对零部件强度设计的需要。

第二阶段为无损检测（NDT）：探测和发现试件的缺陷、结构、性质、状态，无损检测工作不但要进行产品的最终检验，还要测量过程工艺参数。

第三阶段为无损评价（NDE）：不但要进行产品的最终检验及过程工艺参数的测量，而且在材料中存在不致命缺陷时，还要：（1）从整体上评价材料中缺陷的分散程度；（2）在NDE的信息与材料的结构性能之间建立联系；（3）对决定材料性质、动态响应和服役性能指标的实测值（如断裂韧性、高温持久强度）等因素进行分析和评价。

目前所说的无损检测大多指NDT，但近几年已逐步从NDI、NDT向NDE过渡，即，用无损评价来代替无损检测和无损检查。

快速化、标准化、数字化、程序化、规范化是无损检测技术的发展趋势。

3.1.2 无损检测的目的和应用特点

（1）无损检测的特点

无损检测技术不会对构件造成任何损伤。

无损检测技术为找缺陷提供了一种有效方法。

无损检测能够对产品质量实现监控。

无损检测技术能够防止因产品失效引起的灾难性后果。

无损检测具有广泛的应用范围。

（2）无损检测的目的

1）保证产品质量

应用无损检测技术，可以探测到肉眼无法看见的试件内部的缺陷；在对试件表面质量进行检验时，通过无损检测的方法可以探测出许多肉眼很难看见的细小缺陷。

应用无损检测的另一个优点是可以百分之百检验。众所周知，采用破坏性检测，在检测完成的同时，试件也被破坏了，因此破坏性检测只能用于抽样检验。与破坏性检测不同，无损检测不需要损坏试件就能完成检测过程，因此无损检测能够对产品进行百分之百或逐件检验，许多重要的材料、结构或产品，都必须保证万无一失，只有采用无损检测手段，才能为质量提供有效保证。

2）保障使用安全

即使是设计和制造质量都符合规范要求的产品，在经过一段时间的使用后，也有可能发生破坏事故。这是由于苛刻的运行条件使设备状态发生变化，例如由于高温和应力的作用导致材料蠕变；由于温度、压力的波动产生交变应力，使设备的应力集中产生疲劳；由于腐蚀作用使壁厚减薄或材料劣化等等。上述因素有可能使设备、构件、零部件中原来存在的、制造允许的小缺陷扩展开裂，使设备、构件、零部件原来没有缺陷的地方产生这样或那样的新缺陷，最终导致设备、构件、零部件失效。为了保障使用安全，对重要的设备、构件、零部件，必须定期进行检验，及时发现缺陷，避免事故发生，因而无损检测就是这些重要设备、构件、零部件定期检验的主要内容和发现缺陷的最有效手段。

3）改进制造工艺

在产品生产中，为了了解制造工艺是否适宜，必须先进行工艺试验。在工艺试验中，经常对试样进行无损检测，并根据无损检测结果改造工艺，最终确定理想的制造工艺。例如，为了确定焊接工艺规范，在焊接试验时对焊接试样进行射线照相，在随后根据检验结果修正焊接参数，最终得到能够达到质量要求的焊接工艺。又如，在进行铸造工艺设计时，通过射线照相探测试件的缺陷发生情况，并据此改进冒口的位置，最终确定合适的铸造工艺。

4）降低生产成本

在产品制造过程中进行无损检测，往往被认为要增加检验费用，从而使制造成本增加。可是如果在制造过程中的适当环节正确地进行无损检测，就能防止以后工序浪费，减少返工，降低废品率，从而降低成本。例如，对铸件进行机械加工，有时不允许的机械加工后表面出现的夹渣、气孔、裂纹等缺陷，选择在机加工前对要进行加工的部位进行无损检测，对发现缺陷的产品就不再加工，从而降低废品率，节省机械加工成本。

（2）无损检测的应用特点

1）无损检测要与破坏性检测配合

无损检测最大的特点就是在不损伤材料、工件和结构的前提下进行检测，所以实施无损检测后，产品的检查率可以达到100%。但是，并不是所有需要测试的项目和指标都能进行无损检测，无损检测技术自身还有局限性。某些试验只能采用破坏性检测，因此，目前无损检测还不能完全代替破坏性检测，也就是说，对一个工件、材料、机械设备的评价，必须把无损检测的结果与破坏性检测的结果互相对比和配合，才能作出准确的评定。

2）正确选用实施无损检测的时机

根据无损检测的目的来正确选择无损检测的时机是非常重要的。例如，锻件的超声波探伤，一般安排在锻造完成且进行粗加工后，打孔、铣槽、精磨等最终加工前，因为此时扫查面较平整，耦合较好，有可能干扰探伤的孔、槽、台还未加工，发现质量问题处理也较容易，损失也较小；又例如，要检查高强钢焊缝有无延迟裂纹，无损检测实施时机放在热处理之后进行。只有正确的选用实施无损检测时机，才能顺利地完成检测，正确评价产品质量。

3）选用最适当的无损检测方法

无损检测在应用中，由于检测方法本身有局限性，不能适用于所有工件和所有缺陷，为提高检测结果的可靠性，必须在检测前，根据被检物的材质、结构、形状、尺寸，预计可能产生什么种类、形状的缺陷，在什么部位、什么方向产生；根据以上情况分析，然后根据无损检测方法的各自的特点选择最合适的检测方法。例如，钢板的分层缺陷因其延伸方向与板平行，就不适合用射线检测而应选择超声波检测。检查工件表面细小的裂纹不应选择射线和超声波检测，而应选择磁粉和渗透检测。

4）综合应用各种无损检测方法

在无损检测应用中，必须认识到任何一种无损检测方法都不是万能的，每种无损检测方法既有它的优点，也有它的缺点。因此，在无损检测的应用中，如果可能，不要只采用一种无损检测方法，而应尽可能多地同时采用几种方法，以便保证各种检测方法互相取长补短，从而取得更多的信息。另外，还应利用无损检测以外的其他的检验所得的信息，利用有关材料、焊接、加工工艺的知识和产品结构的知识，综合起来进行判断，例如，超声波对裂纹缺陷探测灵敏度高，但定性不准是其不足之处，而射线的优点之一是对缺陷定性比较准确，两者配合使用，就能够保证检测结果既可靠又准确。

3.2　焊接缺陷种类及产生原因

3.2.1　外观缺陷

外观缺陷（表面缺陷）是指不借助于仪器，用肉眼就可以发现的工件表面缺陷。常见的外观缺陷有咬边、焊瘤、凹陷及焊接变形等，有时还有表面气孔和表面裂纹，单面焊的根部未焊透也位于焊缝表面。

（1）咬边

咬边是指沿着焊趾，在母材部分形成的凹陷或沟槽，它是由于电弧将焊缝边缘的母材熔化后没有得到熔敷金属的充分补充所留下的缺口。产生咬边的主要原因是电弧热量太高，即电流太大，运条速度太小所造成的。焊条与工件间角度不正确，摆动不合理，电弧过长，焊接次序不合理等都会造成咬边。直流焊时电弧的磁偏吹也是产生咬边的一个原因。某些焊接位置（立、横、仰）会加剧咬边。

咬边减小了母材的有效截面积，降低结构的承载能力，同时还会造成应力集中，发展为裂纹源。

矫正操作姿势，选用合理的规范，采用良好的运条方式都会有利于消除咬边。焊角焊缝时，用交流焊代替直流焊也能有效地防止咬边。

（2）焊瘤

焊缝中的液态金属流到加热不足未熔化的母材上，或从焊缝根部溢出，冷却后形成的未与母材熔合的金属瘤即为焊瘤。焊接规范过强、焊条熔化过快、焊条质量欠佳（如偏芯）、焊接电源特性不稳定及操作姿势不当等都容易带来焊瘤。在横、立、仰位置更易形成焊瘤。

焊瘤常伴有未熔合、夹渣缺陷，易导致裂纹。同时，焊瘤改变了焊缝的实际尺寸，会带来应力集中。管子内部的焊瘤减小了它的内径，可能造成流动物堵塞。

防止焊瘤的措施：使焊缝处于平焊位置，正确选用规范，选用无偏芯焊条，合理操作。

（3）凹坑

凹坑指焊缝表面或背面局部的低于母材的部分。

凹坑多是由于收弧时焊条（焊丝）未作短时间停留造成的（此时的凹坑称为弧坑），仰立、横焊时，常在焊缝背面根部产生内凹。

凹坑减小了焊缝的有效截面积，弧坑常带有弧坑裂纹和弧坑缩孔。

防止凹坑的措施：选用有电流衰减系统的焊机，尽量选用平焊位置，选用合适的焊接规范，收弧时让焊条在熔池内短时间停留或环形摆动，填满弧坑。

（4）未焊满

未焊满是指焊缝表面上连续的或断续的沟槽。填充金属不足是产生未焊满的根本原因。规范太弱，焊条过细，运条不当等会导致未焊满。

未焊满同样削弱了焊缝，容易产生应力集中，同时，由于规范太弱使冷却速度增大，容易带来气孔、裂纹等缺陷。

防止未焊满的措施：加大焊接电流，加焊盖面焊缝。

（5）烧穿

烧穿是指焊接过程中，熔深超过工件厚度，熔化金属自焊缝背面流出，形成穿孔性缺陷。

焊接电流过大，速度太慢，电弧在焊缝处停留过久，都会产生烧穿缺陷。工件间隙太大，钝边太小也容易出现烧穿现象。

烧穿是锅炉压力容器产品上不允许存在的缺陷，它完全破坏了焊缝，使接头丧失其连接及承载能力。

防止烧穿的措施：选用较小电流并配合合适的焊接速度，减小装配间隙，在焊缝背面加设垫板或药垫，使用脉冲焊。

（6）其他表面缺陷

成形不良：指焊缝的外观几何尺寸不符合要求。具体有焊缝超高，表面不光滑，以及焊缝过宽，焊缝向母材过渡不圆滑等。

错边：指两个工件在厚度方向上错开一定位置，它既可视作焊缝表面缺陷，又可视作装配成形缺陷。

塌陷：单面焊时由于输入热量过大，熔化金属过多而使液态金属向焊缝背面塌落，成形后焊缝背面突起，正面下塌。

表面气孔：焊接过程中，熔池中的气体未完全溢出熔池（一部分溢出），而熔池已经凝固，在焊缝表面形成孔洞。

弧坑缩孔（裂纹）：焊接收弧时，由于焊件吸收了大量焊接热能量，焊缝金属的温度不断升高，高温液态的金属由于快速冷却、收缩，便产生了缩孔。

焊接变形：如角变形、扭曲、波浪变形等都属于焊接缺陷。角变形也属于装配成形缺陷。

3.2.2　气孔

气孔是焊接时，熔池中的气体在凝固时未能逸出而残留下来，在焊缝中所形成的空穴。

气孔有不同的分类方法：从形态分有球状、针孔、柱孔、条虫状；从数量上可分为单个气孔和群状气孔，群状气孔依据分布状态有均匀分布状、密集群状和链状之分；按气孔内成份分为氮气孔、氢气孔、二氧化碳和一氧化碳气孔。

常温固态金属中气体的溶解度只有高温液态金属中气体溶解度的几十分之一或几百分之一，因此在熔池金属在凝固过程中，有大量的气体要从金属中逸出来，当金属凝固速度大于气体逸出速度，就会形成气孔。

气孔产生的主要是工艺与冶金因素。工艺因素，主要是焊接规范、电源电流种类、电弧长短和操作技巧，如焊接线能量过小，熔池冷却速度大，不利于气体逸出；冶金因素，这是由于母材和填充金属表面的锈、油污、焊条、焊剂中的水分等在高温下分解为各种成分的气体进入熔池中所致。

气孔会减小焊缝承载的有效截面积，使焊缝疏松，从而降低了接头的强度，降低塑性，还会引起泄漏。气孔也是引起应力集中的因素，氢气孔还会引起氢脆产生冷裂纹。

防止气孔主要可采取以下措施：

（1）清除构件及填充金属（焊丝及焊条）表面锈斑、油污和水分；

（2）采用碱性焊条、焊剂，并彻底烘干；

（3）焊前预热，减缓冷却速度；

（4）用偏强的规范施焊。

3.2.3　夹渣

焊后残留在焊缝中的熔渣称为夹渣。夹渣按渣的成份可分为金属夹渣（如钨夹渣、铜夹渣）和非金属夹渣（如药皮焊剂形成的熔渣、非金属夹杂偏析引起的夹渣等）；按形状可分为点块状和条状；按分布可分为单个点或条状、密集点块状和链状。

夹渣是由于焊接时焊缝熔池中熔化金属的凝固速度大于熔渣的流动速度，当熔化金属凝固时，熔渣未能及时浮出熔池而形成。

夹渣产生的原因主要有：坡口尺寸不合理、并有污物，多道多层焊时，焊道之间、焊层之间清渣不干净，焊接线能量过小、焊接速度过快，药皮焊剂有高熔点成分、且脱渣性不好，钨极有低熔点杂质或是电流密度过大致使钨极熔化滴落于熔池中，手工焊焊条摆动不良等。

夹渣的危害性与渣的形态有关，点状与气孔相似，带有尖角的夹渣会产生应力集中，其尖端还会发展为裂纹源，其危害远比气孔严重。

3.2.4 裂纹

在焊接应力及其它致脆因素共同作用下，焊接接头中局部地区的金属原子结合力遭到破坏而形成新的界面所产生的缝隙被称为裂纹。

（1）裂纹的分类

裂纹有多种分类方法：

按尺寸大小可分为宏观裂纹（肉眼可见）、微观裂纹（显微镜下可见）、超显微裂纹（高步数显显微镜下才能发现的晶间或晶内裂纹）；

根据裂纹的延伸方向，可分为：纵向裂纹（与焊缝平行）、横向裂纹（与焊缝垂直）、辐射状裂纹等；

根据裂纹发生的部位，可分为：热影响区裂纹、熔合区裂纹、焊趾裂纹、焊道下裂纹、弧坑裂纹；

按产生的条件和时机不同可分为热裂纹、冷裂纹、再热裂纹、层状撕裂和应力腐蚀裂纹。

（2）裂纹形成的原因

裂纹的形成主要是冶金和力学两个方面的原因。冶金因素是指由于焊缝产生不同程度的物理与化学状态的不均匀，如低熔共晶组成元素S、P、Si等偏析、富集导致的热裂纹。此外，在热影响区金属中，快速加热和冷却使金属中的空位浓度增加，同时由于材料的淬硬倾向降低了材料的抗裂性能，在一定的力学因素下，这些都是生成裂纹的冶金因素。力学因素是指由于快热快冷产生了不均匀的组织区域，由于热应变不均匀而导致不同区域产生不同的应力联系，造成焊接接头金属处于复杂的应力应变状态。内在的热应力、组织应力、外加的拘束应力以及应力集中相叠加构成了导致接头金属开裂的力学条件。

（3）危害性

裂纹特别是冷裂纹是焊缝中危害性最大的缺陷，大部分焊接构件的破坏是由此产生的。其他所有焊接缺陷如未焊透、未熔合、夹渣等都是通过转化成裂纹而致使构件破坏的。

（4）典型裂纹特征分析

①热裂纹（结晶裂纹）

形成机理：焊缝金属在凝固过程中（即在固相线附近的高温区内），结晶偏析使杂质生成的低熔点共晶物富集于晶界，形成"液态薄膜"，在特定的敏感温度区粗（又称脆性温度区）间，其强度极小，在焊缝金属凝固收缩而受到的拉应力作用下，最终开裂形成裂纹。如纵向裂纹、枝晶状横向裂纹和弧坑裂纹。

影响因素：一是碳元素及有害杂质S、P的含量，随其增加而产生几率增大；二是随着冷却速度加快而增大；三是随着外加拘束应力增大而增大。

防止措施：减小S、P等有害元素的含量，用含碳量较低的、并加入一定的合金元素（Mo、V、Ti、Nb等以减小柱状晶体偏析）的焊材焊接；采用合理的焊接工艺和焊接规范，如采用较小的线能量（熔深较小的），并改善散热条件，确保低熔点物质全部浮出焊缝金属；采用预热后热处理，减小冷却速度，以减小焊接应力。

②再热裂纹

再热裂纹的特征：再热裂纹是在焊后的热处理等再次加热（其加热温度：碳钢与合金钢是550～650℃，奥氏体不锈钢约是300℃）的过程中产生的，主要发生在热影响区的过热粗晶区，在焊接残余应力作用下沿晶界开裂，沉淀强化的钢种最易产生再热裂纹。

产生机理：再热裂纹产生机理有多种解释，其中楔形开裂理论是：近缝区（热影响区的过热粗晶区）金属在高温热循环（热交变应力）作用下，强化相碳化物（如碳化钛、碳化钒、碳化铌、碳化铬等）沉积在晶内的位错区上，使晶内强化强度大大高于晶界强化强度，尤其是强化相弥散分布在晶粒内时，会阻碍晶粒内部调整，又会阻碍晶粒内部的整体变形，这样，由于应力松弛而带来的塑性变形就主要由晶界金属来承担，于是晶界区金属会产生滑移，且在三晶粒交界处产生应力集中而导致沿晶开裂。

防止措施：热处理工艺应尽量避开再热裂纹的敏感温度或缩短在此温度区停留时间，改善合金元素的强化作用和对再热裂纹的影响；采用适当的焊前预热和焊后的后热处理，控制冷却速度，以降低焊接残余应力和避免应力集中。

③冷裂纹

特征：产生于较低温度，且大多数在焊后一段时间之后出现在焊热影响区或焊缝上，并沿晶或穿晶、或是两者共存的开裂，又称延迟裂纹。

产生机理：这是因热影响区或焊缝局部存在淬硬组织（马氏体）减小了金属的塑性储备，或是接头内有一定的含氢量，且接头有较大焊接残余应力使接头处于较大的拉应力状态之下，淬硬组织会开裂，氢会发生氢致效应而产生裂纹。

防止措施：采用低氢碱性焊条，及时后热消氢处理，以减小含氢量；选择合理的焊接规范，提高预热温度，减慢冷却速度，防止出现淬硬组织；选择科学的焊接工艺，严格控制焊接程序，以减小焊接变形和焊接应力。

3.2.5　未焊透

未焊透指母材金属未熔化，焊缝金属没有进入接头根部的现象。

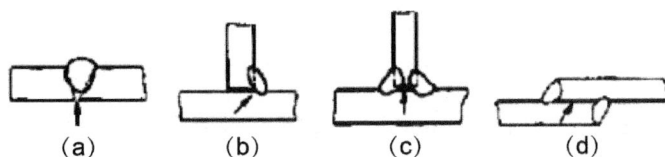

(a)　(b)　(c)　(d)

图3-1　未焊透

（1）产生未焊透的原因

（1）焊接电流小，熔深浅。
（2）坡口和间隙尺寸不合理，钝边太大。
（3）磁偏吹影响。
（4）焊条偏芯度太大。
（5）层间及焊根清理不良。

（2）未焊透的危害

未焊透的危害首先是减少了焊缝的有效截面积，使接头强度下降；其次，未焊透引起的应力集中严重降低焊缝的疲劳强度，所造成的危害比强度下降的危害大得多。未焊透可能成为裂纹源，是造成焊缝破坏的重要原因之一。

（3）未焊透的防止

使用较大电流来焊接是防止未焊透的基本方法。另外，焊角焊缝时，用交流代替直流以防止磁偏吹，合理设计坡口并加强清理，用短弧焊等措施也可有效防止未焊透的产生。

3.2.6 未熔合

未熔合是指焊缝金属与母材金属或焊缝金属之间未熔化结合在一起的缺陷。按其所在部位，未熔合可分为坡口未熔合、层间未熔合和根部未熔合3种。

产生未熔合缺陷的原因：

（1）焊接电流过小；
（2）焊接速度过快；
（3）焊条角度不对；
（4）产生了弧偏吹现象；
（5）焊接处于下坡焊位置，母材未熔化时已被铁水覆盖；
（6）母材表面有污物或氧化物影响熔敷金属与母材间的熔化结合等。

未熔合具有较大的危害性：未熔合是一种面积型缺陷。坡口未熔合和根部未熔合会使承载截面积明显减小，使应力集中变得比较严重，其危害性仅次于裂纹。

在焊接时，采用较大的焊接电流，正确地进行施焊操作，注意坡口部位的清洁等措施可以防止未熔合的产生。

3.3 设备及零部件在使用中常见缺陷及产生原因

设备及零部件在使用过程中，在其材质特性、使用环境与受力状况的综合作用下，一般会形成疲劳裂纹、应力腐蚀裂纹、氢损伤、晶间腐蚀以及各种局部腐蚀。

3.3.1 疲劳裂纹

结构材料承受交变反复载荷，局部高应变区内的峰值应力超过材料的屈服强度，晶粒之间发生滑移和位错，产生微裂纹并逐步扩展形成疲劳裂纹。疲劳裂纹包括交变工作载荷引起的疲劳裂纹，循环热应力引起的热疲劳裂纹，以及循环应力和腐蚀介质共同作用下产生的腐蚀疲劳裂纹。

3.3.2　应力腐蚀裂纹

特定腐蚀介质中的金属材料在拉应力作用下产生的裂纹称为应力腐蚀裂纹。

3.3.3　氢损伤

在临氢工况条件下运行的设备，氢进入金属后使材料性能变坏，造成损伤，例如氢脆、氢腐蚀、氢鼓泡、氢致裂纹等。

3.3.4　晶间腐蚀

奥氏体不锈钢的晶间析出铬的碳化物导致晶间贫铬，在介质的作用下晶界发生腐蚀，产生连续性破坏。

3.3.5　各种局部腐蚀

包括点蚀、缝隙腐蚀、腐蚀疲劳、磨损腐蚀、选择性腐蚀等。

第二部分
射线检测

第1章 射线检测基础知识

　　射线检测是利用射线强大的穿透力以及使感光物质感光等特性对工件的质量状态进行检验的一种方法。

　　射线种类较多，其中易于穿透物质的射线有X射线、γ射线、中子射线3种。X射线和γ射线广泛用于锅炉、压力容器、压力管道等特种设备的焊缝和其他工业产品、结构材料的缺陷检测，而中子射线仅用于一些特殊的场合。

　　射线照相法是指用X射线或者γ射线穿透试件，以胶片作为记录信息的器材的无损检测方法，该方法是一种应用最广泛的最基本的射线检测方法。

1.1　射线的种类和性质

　　X射线和γ射线与无线电波、红外线、可见光、紫外线等属于同一范畴，都是电磁波，其区别只是在于波长不同，以及产生方法不同。X射线和γ射线具有电磁波的共性，都具有波粒二象性，同时由于波长的区别，也具有不同于可见光和无线电波等其他电磁辐射的特性。

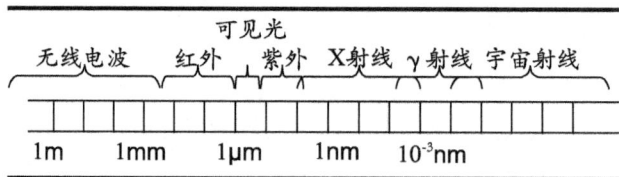

图1-1　电磁波谱

1.1.1　X射线和γ射线的共性

　　广泛应用于射线照相检测中的X射线与γ射线有不少共同点：

　　（1）在真空中以光速直线传播；

　　（2）本身不带电，不受电场和磁场的影响；

　　（3）在媒质界面可以发生反射和折射，但X射线和γ射线只能发生漫反射，而不能象可见光那样产生镜面反射。X射线和γ射线的折射系数非常接近于1，所以折射的方向改变不明显；

　　（4）可以发生干涉和衍射现象，但只能在非常小的，例如晶体组成的光栅中才能发生这种现象；

　　（5）不可见，能够穿透可见光不能穿透的物质；

（6）在穿透物质过程中，会与物质发生复杂的物理和化学作用，例如电离作用，荧光作用，热作用，以及光化学作用等，穿过物质后可以被吸收而使其抢夺衰减；

（7）具有辐射生物效应，能够杀伤生物细胞，破坏生物组织。

1.1.2　X射线的产生及其特点

（1）X射线的产生

工业所需的X射线基本都是在X射线管中产生的。

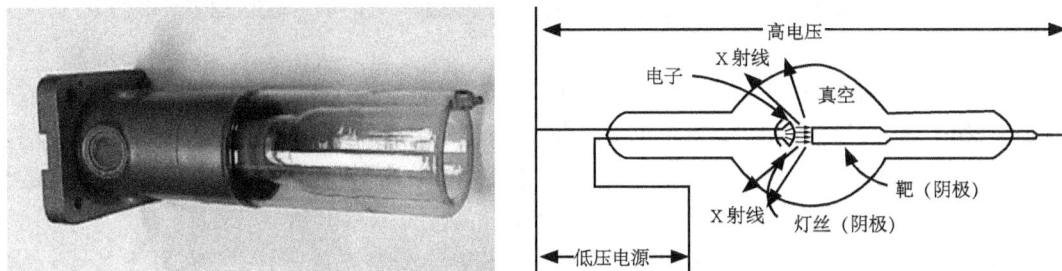

图1-2　X射线管

X射线管是一个具有阴阳两极的真空管，阴极是钨丝，阳极是金属制成的靶。在阴阳两极之间加有很高的直流电压(管电压)，当阴极加热到白炽状态时释放出大量电子，这些电子在高压电场中被加速，从阴极飞向阳极，形成管电流，并最终以很大速度撞击在金属靶上，失去所具有的动能。这些动能绝大部分转换为热能，仅有极少一部分与阳极金属原子的核外库仑场作用，发生轫致幅射而放出X射线。

所谓轫致辐射，是指高速电子骤然减速时产生的辐射。泛指带电粒子在碰撞（尤指它们之间的库仑散射）过程中发出的辐射。

（2）X射线的特点

对X射线管发出的X射线做测定，可绘制如图1-3所示X射线谱。

由X射线谱可以发现X射线由两部分组成：一部分是波长连续变化的部分，称为连续谱；另一部分具有分立波长的谱线，这部分谱线要么不出现，一旦出现它的谱峰所对应的波长位置完全取决于靶材料本身，这部分谱线称为标识谱，又称特征谱，标识谱重叠在连续谱之上，如同山丘上的宝塔。

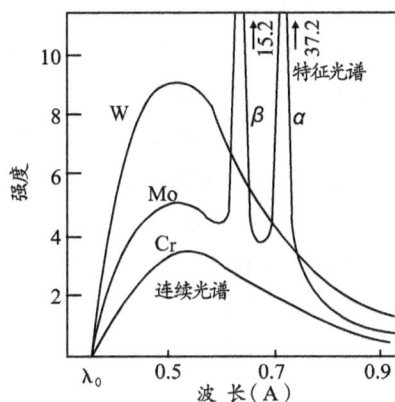

图1-3　连续谱与特征谱

1）连续X射线

具有连续波长的X射线，构成连续X射线谱，它和可见光相似，亦称多色X射线。能量为eV的电子与阳极靶的原子碰撞时，电子失去自己的能量，其中部分以光子的形式辐射，碰撞一次产生一个能量为hv的光子，这样的光子流即为X射线。

单位时间内到达阳极靶面的电子数目是很多的，绝大多数电子要经历多次碰撞，逐渐地损耗自身的能量，即产生多次辐射，由于多次辐射中光子的能量不同，因此出现连续X射线谱。

连续X射线谱在短波方向有一个波长极限，称为短波限λ_0，它是由电子一次碰撞就耗尽能量所产生的X射线。它只与管电压有关，不受其它因素的影响。

波长越短的X射线能量越大，穿透力越强，叫做硬X射线，波长长的X射线能量较低，穿透力较弱，称为软X射线。

管电压越高，最短波长λ_0的值就越小，平均波长越短，X射线的能量越高，性质越硬，穿透物质时衰减越少，穿透力越强。所以在射线检测时，一般是根据试件的材质和厚度来选择管电压。

X射线的强度是指垂直X射线传播方向的单位面积上在单位时间内所通过的光子数目的能量总和，即X射线的强度I是由光子能量hv和它的数目n两个因素决定的，即I=n hv。连续X射线强度最大值的波长在1.5λ_0处，而不在λ_0处。连续X射线谱中每条曲线下的面积表示连续X射线的总强度，也是阳极靶发射出的X射线的总能量。

试验证明，强度IT与管电流i(mA)，管电压V(KV)、靶材料原子序数Z有以下关系：

$$I_T = K_i i Z V^2 \qquad\qquad (2-1)$$

式中，K_i——比例常数，$K_i \approx (1.1 \sim 1.4) \times 10^{-6}$。

管电流越大，表明单位时间撞击靶的电子数越多；管电压增加时，虽然电子数目未变，但每个电子所获得的能量增大，因而短波成分射线增加，且碰撞发生的能量转换过程增加；靶材料的原子序数越高，核库仑场越强，韧致辐射作用越强，所以靶一般采用高原子序数的钨制作。

2）标识X射线

标识X射线是在连续谱的基础上叠加若干条具有一定波长的谱线，它和可见光中的单色相似，亦称单色X射线。

标识射线具有如下特征：

①激发管电压特征：每一条谱线对应一定的激发电压，只有当管电压超过激发电压时才能产生相应的特征谱线，且靶材原子序数越大其激发电压越高；当电压达到临界电压时，特征谱线的波长不再变，强度随电压增加。

②强度特征：每个特征射线都对应一个特定的波长，不同靶材的特征谱波长不同；如管电流和管电压V的增加只能增强特征X射线的强度，而不改变波长。

标识X射线强度只占X射线总强度的极少一部分，能量也很低，所以在工业射线检测中，标识谱不起作用。

1.1.3 γ射线的产生及其特点

γ射线是放射性同位素经过α衰变或β衰变后，从激发态向稳定态过渡的过程中，从原子核内发出的，这一过程称作γ衰变，又称γ跃迁。γ跃迁是核内能级之间的跃迁，与原子的核外电子的跃迁一样，都可以放出光子，光子的能量等于跃迁前后两能级能值之差。不同的是，原子的核外电子跃迁放出的光子能量在电子伏到千电子伏之间。

而核内能级的跃迁放出的 γ 光子能量在千电子伏到十几兆电子伏。

以放射性同位素Co60为例，Co60经过一次 β⁻ 衰变成为处于2.5兆电子伏特激发态的Ni60，随后放出能量分别为1.17MeV和1.33MeV的两种 γ 射线而跃迁到基态。

由此可见，γ 射线的能量是由放射性同位素的种类所决定的。一种放射性同位素可能放出许多种能量的 γ 射线，对此取其所辐射出的所有能量的平均值作为该同位素的辐射能量。例如Co60的平均能为（1.17+1.33）/ 2 = 1.25MeV。

γ 射线的光谱称为线状谱，谱线只出现在特定波长的若干点上。如图1-4所示。

放射性同位素的原子核衰变是自发进行的，对于任意一个放射性核，它何时衰变具有偶然性，不可预测，但对于足够多的放射性核的集合，它的衰变规律服从统计规律，是十分确定的。

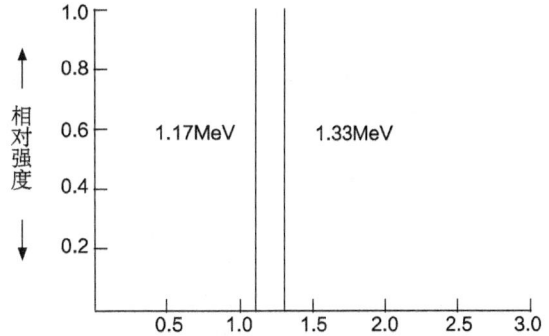

图1-4　γ 射线的线状谱

放射性同位素的衰变服从指数规律。

$$N = N_0 e^{-\lambda T} \qquad (2-2)$$

衰变常数 λ 反映了放射性物质的固有属性，λ 值越大，说明该物质越不稳定，衰变得越快。

N_0为t=0时原子核的数目，N为时间为T时的原子核的数目。

放射性同位素衰变掉原有核数一半所需时间，称为半衰期，用$T_{1/2}$表示。当$T = T_{1/2}$时，$N = N_0 / 2$，由式2-2可得：

$$T_{1/2} = \frac{\ln 2}{\lambda} \qquad (2-3)$$

式中，$T_{1/2}$也反映了放射性物质的固有属性，λ 越大，$T_{1/2}$越小。

放射性同位素是一类不稳定的元素，会时刻不停的衰变并放出 γ 射线。每一种放射性同位素发出的 γ 射线的波长是一定的，也就说 γ 射线的能量是由同位素的种类决定的。射线源的放射强度会随着时间的推延而逐渐减弱。在无损检测中应用的射线源，其半衰期至少几十天，否则就没有什么实用价值了。能满足这个条件并且常用的同位素有Co60（钴60）、Ir192（铱192）、Se75（硒75）等。γ 射线强度也是不可调节，随时间推移强度减弱，经过2-3个半衰期后其强度显得不足，需要较长的曝光时间。

【例】已知Co60放射性同位素的半衰期为5.3年，其衰变常数是多少？8年后其放射强度衰变到初始强度的百分之几？

解：由 $T_{1/2} = \dfrac{\ln 2}{\lambda}$ 可知

$T_{1/2} = 0.693 / \lambda$

得：λ = 0.693/$T_{1/2}$=0.693/5.3 = 0.131 /年

由（2-2）式$N = N_0 e^{-\lambda T}$

得$N/N_0 = e^{-0.131 \times 8} = 0.35$

答：Co60的衰变常数为0.131/年，8年后其放射强度衰变到初始强度的35%。

1.1.4 工业检测常用放射性同位素特性

工业检测中常用的放射性同位素有Co60（钴60）、Ir192（铱192）、Tm170（铥170）和Se75（硒75）。

表1.1 常用γ射线源的主要特性

射线源	^{60}Co	^{192}Ir	^{75}Se	^{170}Tm
主要能量/MeV	1.17，1.33	0.30，0.31，0.47，0.60	0.13，0.26	0.052，0.084
半衰期	5.3 a	74d	120 d	128 d
Kr　[（R·m²/（h·Ci)）]	1.30	0.48（0.55）	0.20（0.125）	0.0014
C·m²/（kg·h·Bq）	9.2×10^{-5}	3.3×10^{-15}	1.4×10^{-15}	0.01×10^{-15}
等效能量	1.25MeV	400keV	217keV	84keV
适宜厚度（钢，mm）	40～200	20～100	10～40	≤5

表中的Kr称为照射量率常数，由于采用法定计量单位的值比较复杂，因此也用带括号形式给出非法定计量单位的值，这时它表示活度为1Ci的源、在无滤波下、在距源1m处1h时间内给出的照射量的伦琴数值。

1.2 射线与物质的作用

1.2.1 射线与物质作用的方式

射线通过物质时，会与物质发生相互作用而使强度减弱。X射线与物质相互作用时，产生各种不同的和复杂的过程，就其能量转换而言，一束X射线通过物质时，可分为3部分：

一部分被散射；

一部分被吸收；

一部分透过物质继续沿原来的方向传播。

散射会使光子的运动方向改变，其效果等于在束流中移去入射光子；吸收是一种能量转换，光子的能量被物质吸收后变为其他形式的能量。

在X射线与γ射线能量范围内，光子与物质作用的主要形式有：光电效应、康普顿效应、电子对效应。当光子能量较低时，还必须考虑瑞利散射。除此以外，还存在一些其他形式的相互作用，例如，光致核反应和核共振反应，但发生概率极小。

其中光电效应、电子对效应为吸收作用，康普顿效应、瑞利散射为散射作用。

1.3 窄束、单色射线的强度衰减规律

由以上讨论可知，射线通过一定厚度物质时，有些光子与物质发生相互作用，有些则没有。如果光子与物质发生的相互作用是光电效应和电子对效应，则光子被物质吸

收；如果光子与物质发生康普顿效应，则光子被散射。散射光子也可能穿过物质层，这样穿过物质层的射线通常由两部分组成：一部分是未与物质发生相互作用的光子，其能量和方向均未变化，称为透射射线；另一部分是发生过一次或多次康普顿效应的光子，其能量和方向都发生了改变，称为散射线。

所谓窄束射线是指不包括散射成分的射线束，通过物质后的射线束，仅由未与物质发生相互作用的光子组成。"窄束"一词是从实验时通过准直器得到细小的辐射束流而得名，作为专用术语的描述，并不含有几何学上"细小"的意义，即使射束有一定宽度，只要其中没有散射成分，便可称为"窄束"。

所谓"单色"是指由单一波长电磁波组成的射线，或者说，由相同能量光子组成的辐射束流，又称为单能辐射。

采用如图1-5所示的装置，在单能辐射源与探测器之间放置两个准直器，在两个准直器之间放置吸收物质，便可通过试验测出窄束单色射线的强度衰减情况。

当吸收物质不存在时，探测器K记录的辐射强度为I0，称为辐射的原始强度或入射强度。放

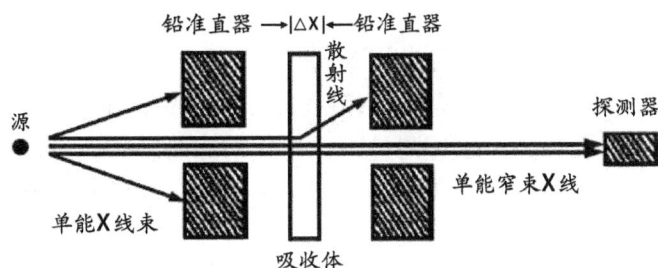

图1-5　获得窄束X线装置

置厚度为△T的薄层物质后，K点的辐射强度变为I，称为一次透射射线强度。以△I表示强度的变化量，即I-I0=-△I，负号表示强度在减弱。

用不同种类和厚度的吸收物质和不同能量的射线实验，可发现以下关系：

$$-\triangle I = \mu I_0 \triangle T \tag{2-4}$$

即射线通过薄层物质时强度减弱与物质厚度及辐射初始强度成正比。同时与μ的数值有关，μ称为线衰减系数，它随射线的种类和线质的变化而变化，也随穿透物质的种类和密度而变化。

对上式运算后可得到窄束单色射线强度衰减公式：

$$I = I_0 e^{-\mu T} \tag{2-5}$$

式中T为穿透物质的厚度。

在实际应用中，经常使用半价层来描述某种能量射线的穿透能力或某种射线的衰减作用程度。半价层是指使入射射线强度减少一半的吸收物质厚度，用符号T1/2表示。

但T=$T_{1/2}$时，I/I0=1/2，则有$e^{-\mu T1/2}$=1/2，则有：

$$T_{1/2} = 0.693/\mu \tag{2-6}$$

【例】已知某窄束单能射线穿过20mm的钢后，强度减弱到原来的20%，求该射线在钢中的线衰减系数。

已知，I/I_0=20%，T=2cm，则有$e^{-\mu 2}$=0.2

μ=ln0.2/2=0.8cm^{-1}

1.4 射线照相法的原理与特点

　　射线检测是工业无损检测的一个重要专业门类。射线检测最主要的应用是探测试件内部的微观几何缺陷(探伤)。按照不同特征(例如使用的射线种类、记录的器材、工艺和技术特点等)可将射线检测分为许多种不同的方法。

　　在本教材中，射线照相法是指用X射线或γ射线穿透试件，以胶片作为记录信息的器材的无损检测方法，该方法是最基本的，应用最广泛的一种射线检测方法，也是射线检测专业培训的主要内容。至于其他射线检测方法和技术(不同种类射线，不同与物质相互作用过程，不同记录信息的方法)，将在其他教程中作介绍。

1.4.1 射线照相法的原理

　　射线照相法是指用X射线或γ射线穿透试件，试件中因缺陷存在影响射线的吸收而产生强度差异，通过测量这种差异来探测缺陷，并以胶片作为记录信息的器材的无损的检测方法。该方法是最基本的，应用最广泛的一种射线检测方法。

　　射线在穿透物体过程中会与物质发生相互作用，因吸收和散射而使其强度减弱。

　　当X射线或γ射线照射胶片时，与普通光线一样，能使胶片乳剂层中的卤化银产生潜象中心，即使胶片感光，经过显影和定影后就黑化，接收射线越多的部位黑化程度越高，这个作用叫做射线的照相作用。射线照相的原理如图1-6所示：

　　厚度为T的物体中有厚度为ΔT的缺陷时，X射线透过无缺陷部位的底片的黑度为D，而X射线透过有缺陷部位的底片黑度应为D+ΔD，把这种曝过光的胶片在暗室中经过显影、定影、水洗和干燥。再将干燥的底片放在观片灯上观察，根据底片上有缺陷部位与无缺陷部位的黑度图象不一样，就可判断出缺陷的种类、数量、大小。

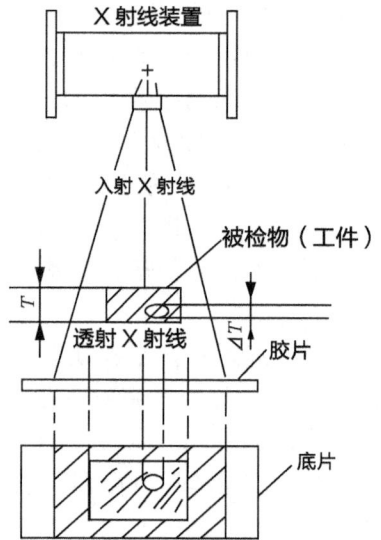

图1-6 X射线照相原理

1.4.2 射线照相法的特点

　　射线照相法在承压设备的制造检验和在用检验中得到广泛的应用，它适宜的检测对象是各种熔化焊接方法(电弧焊、气体保护焊、电渣焊、气焊等)的对接接头。也适宜检查铸钢件，特殊情况下也可用于检测角焊缝或其他一些特殊结构试件。它不适宜钢板、钢管、锻件的检测。也不适宜钎焊、摩擦焊等焊接方法的接头的检测。

　　射线照相法用底片作为记录介质，可以直接得到缺陷的直观图象，且可以长期保存。通过观察底片能够比较准确地判断出缺陷的性质、数量、尺寸和位置。

　　射线照相法容易检出那些形成局部厚度差的缺陷。对气孔和夹渣之类缺陷有很高的检出率，对裂纹类缺陷的检出率则受透照角度的影响。它不能检出垂直照射方向的薄层缺陷，例如钢板的分层。

　　射线照相所能检出的缺陷高度尺寸与透照厚度有关，可以达到透照厚度的1%，甚至更小。所能检出的长度和宽度尺寸分别为毫米数量级和亚毫米数量级，甚至更小。

　　射线照相法检测薄工件没有困难，几乎不存在检测厚度下限，但检测厚度上限受射线穿透能力的限制。而穿透能力取决于射线光子能量。420KV的X射线机能穿透的钢厚度约80mm，Co60 γ 射线穿透的钢厚度约150mm。更大厚度的试件则需要使用特殊的设备——加速器，其最大穿透厚度可达到500mm。

　　射线照相法适用于几乎所有材料，在钢、钛、铜、铝等金属材料上使用均能得到良好的效果，它对试件的形状、表面粗糙度没有严格要求，材料晶粒度对其不产生影响。

　　射线照相法检测成本较高，检测速度不快。射线对人体有伤害，需要采取防护措施。

第2章　检测仪器及器材

2.1　检测仪器

2.1.1　X射线机

X射线机是高电压精密仪器，为了正确使用和充分发挥仪器的功能，顺利完成射线照相上传，应了解和掌握它的原理、结构及使用性能。

（1）X射线机的种类和特点

工业检测用的X射线机按照其结构、使用功能、工作频率及绝缘介质种类等可以分为以下几种：

1）按照X射线机的结构

X射线机通常分为3类，便携式X射线机、移动式X射线机、固定式X射线机。

①便携式X射线机。这是一种体积小、质量轻、便于携带、适用于高空和野外作业的X射线机。

图2-1　定向便携式X射线机　　　　图2-2　周向便携式X射线机

它采用结构简单的半波自整流线路，X射线管和高压发生部分共同装在射线机头内，控制箱通过一根多芯的低压电缆将其连接在一起，其构成如下图所示。

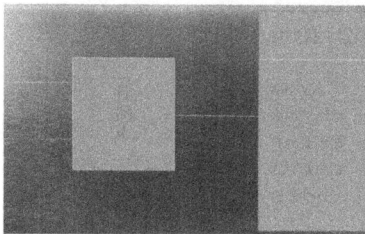

图2-3　便携式X射线机结构图　　　　图2-4　周向便携式X射线机

②移动式X射线机。这是一种体积和质量都比较大，安装在移动小车上，用于固定或半固定场合使用的X射线机。

它的高压发生部分（一般是两个对称的高压发生器）和X射线管是分开的，其间用高压电缆连接，为了提高工作效率，一般采用强制油循环冷却，其构成如图2-5所示。

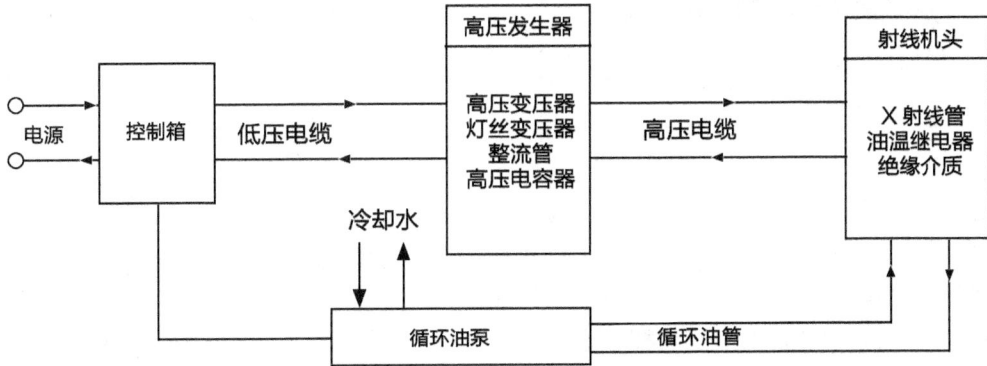

图2-5　移动式X射线机结构图

2）按使用性能划分

①定向X射线机　这是一种普及型、使用最多的射线机。其机头产生的X射线辐射方向为40°左右的圆锥角。一般用于定向单张摄片。

②周向X射线机　这种X射线机产生的X射线束向360°方向辐射，主要用于大口径管道和容器环焊缝摄片。

③管道爬行器　这是为了解决很长的管道环焊缝摄片而设计生产的一种装在爬行装置上的X射线机。

该机在管道内爬行时，用一根长电缆提供电力和传输控制信号，利用焊缝外放置的一个小同位素γ射源确定位置，使X射线机在管道内爬行到预定位置进行摄片。

图2-6　管道爬行器

3）按频率划分

按供给X射线管高压部分交流电的频率划分，可分为工频（50~60Hz）X射线机、变频（300~800Hz）X射线机以及恒频（约200Hz）射线机。在同样电流、电压条件下，恒频机穿透能力最强、功耗最小、效率最高，变频机次之，工频机较差。

4）按绝缘介质种类划分

可分为绝缘介质为变压器油的油绝缘X射线机（主要用在移动X射线机）和绝缘介质为SF6的气绝缘X射线机（主要用在携带式X射线机）。

（2）X射线管

X射线管是X射线机的核心器件。

1）普通X射线管

普通X射线管的基本结构如图2-7所示。

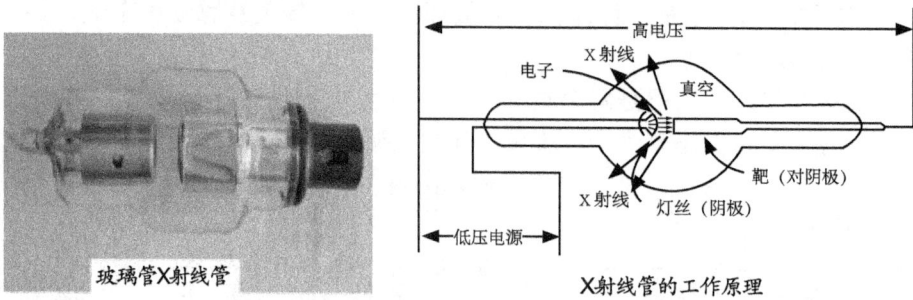

图2-7

它主要由阳极、阴极和管壳构成。阴极是X射线管中发射和聚集电子的部位，它由灯丝和一定形状的金属电极——聚焦杯（阴极头）构成。灯丝由钨丝绕成一定形状，聚焦杯包围着灯丝。灯丝在灯丝电流加热下可发射热电子，这些电子在X射线管的管电压作用下，高速飞向阳极靶，最终通过韧致辐射在阳极靶产生X射线。

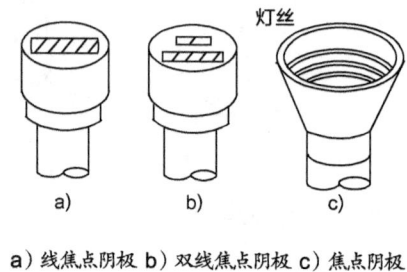

a）线焦点阴极 b）双线焦点阴极 c）焦点阴极

图2-8 X射线管的阴极

灯丝发射电子的能力随灯丝温度，也就是灯丝的加热电流的改变而改变。当灯丝温度增高时，发射电子的能力也增大。由于钨的熔点高（3 370℃），且蒸发率低，所以工业探伤用X射线管的灯丝采用钨制作。灯丝的主要形状有圆形、线形、矩形等，灯丝的形状、尺寸及聚焦杯的形状、尺寸、与灯丝的相对位置等，都直接影响X射线管的焦点。灯丝温度通过调节灯丝变压器的电压改变灯丝电流进行调节，过高的灯丝电流将会烧毁灯丝。

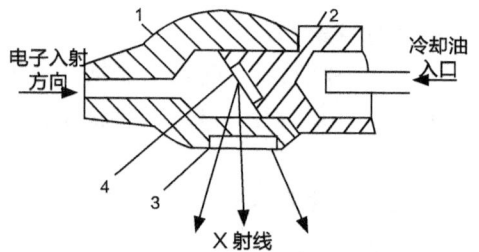

1.阳极罩 2.阳极体 3.放射窗口 4.阳极靶

图2-9 阳极的基本结构示意图

阳极是产生X射线的部位。主要由阳极体、阳极靶和阳极罩组成。阳极的基本结构如图2-9所示。

阳极靶的作用是承受高速电子的撞击，产生X射线。阳极靶紧密镶嵌在阳极体上，与阳极体具有良好的接触。由于工作时阳极靶直接承受高速电子的撞击，电子绝大部分动能在它上面转换为热，因此阳极靶必须耐高温。此外，阳极靶应具有高原子序数，才能具有较高的X射线转换效率。所以，对工业射线照相检验用的X射线管，其阳极靶采用钨制作，软X射线用钼靶。阳极靶的表面应磨成镜面，并与X射线管轴成一定角度，靶面与管轴垂线所成的角度常称为靶面角。阳极靶可以采用不同的结构，以产生不同的辐射。例如，常用锥形靶和平面形靶产生周向辐射X射线，也有的X射线机采用特殊的旋转阳极靶，它不仅可以改善散热状况，而且可以获得更高的管电流。

阳极体为具有高热传导性的金属电极，典型的阳极体由无氧铜制做。其作用是支承阳极靶，并将阳极靶上产生的热量传送出去，避免靶面烧毁。

由于X射线管能量转换率很低，X射线管工作时阳极的冷却十分重要。电子的能量约有99%转换为热能传给阳极靶，因此，如冷却不及时，阳极过热会排出气体、降低管子的真空度，严重过热可使靶面熔化以至龟裂脱落，使整个管子不能工作。

X射线管的冷却方式一般有以3种：

辐射散热式　这种X射线管的阳极体是实心的，阳极体尾部伸到管壳外，其上装有金属辐射散热片。作用是增加散热面积，加快冷却速度。这种X射线管多用在携带式X射线机中，如图2-10所示。

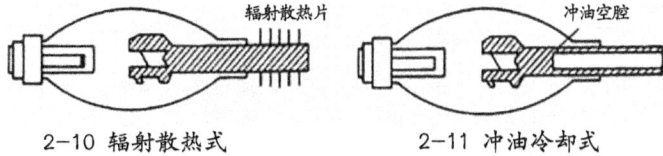

2-10　辐射散热式　　　2-11　冲油冷却式

冲油冷却式　这种X射线管阳极体做成空腔式，可用外循环油通过阳极体的空腔直接带走靶子上产生的热量，冷却效率比较高。这种X射线管多用于移动式X射线机中，如图2-11所示。

旋转阳极自然冷却　在大电流的医疗中用X射线机，常采用一种旋转阳极式的X射线管，其阳极端玻璃壳外有线圈作定子，阳极根部做转子，阳极制成圆盘形，边上有斜角，这种X射线管的阳极靶是整个圆盘的圆周。当阳极以高速旋转时，可以很快地散去被电子撞击所发生的热。由于阳极转动非常平稳，焦点可以保持形状和位置的稳定。用旋转阳极制成的X射线管，不但可以得到较小的焦点，而且可以通过较大的电流（可增加到静止靶所使用的电流的10倍以上），如图2-12所示。

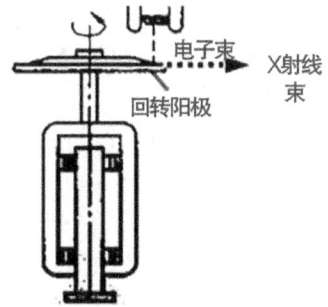

高速电子撞击阳极靶时会产生二次电子，二次电子可集聚在管壳上，形成一定电位，影响飞向阳极靶的电子束，阳极罩就是用来吸收高速电子撞击阳极靶时产生的二次电

图2-12　旋转阳极自然冷却

子，阳极罩的另一作用是吸收一部分散乱射线。阳极罩常用铜制做，在朝向阴极方向有一小孔，阴极发射的电子从这个小孔进入，撞击阳极靶；阳极罩的侧面也有一个小孔，常用原子序数很低的薄铍板覆盖，称为窗口，阳极靶产生的X射线从此窗口辐射出来。

2）金属陶瓷管

由于用玻璃作外壳制成的X射线管对过热和机械冲击都很敏感，因此，20世纪70年代开发出性能优越的金属陶瓷管。

这种射线管有很多特点：

①抗震性强，一般不易破碎；

②管内真空度高，各项电性能好，管子寿命长；

③容易焊装敏窗口；

④对250kV以上的管子，金属陶瓷管的尺寸可以做得比玻璃管小得多。

图2-13　金属陶瓷X射线管

3）特殊用途的X射线管

①周向辐射X射线管　这种X射线管可以通过一次曝光完成大直径筒体环焊缝整个圆

周的曝光，从而大大提高了工作效率。它的阳极靶有平面阳极和锥体阳极两种。如图2-14所示。

其中平面阳极制造容易，散热条件好，使用较多，但其射线束中心有倾角，对环焊缝纵向裂纹的检测有一定影响。

②小焦点X射线管　这种X射线管通过圆筒式聚焦栅将灯丝发射的电子束聚成很细的一束，可获得小于0.1mm微小焦点。在射线实时成像检测技术中为提高灵敏度，通常采用放大透照布置，这就需要小焦点X射线管，放大倍数的选择与X射线管焦点尺寸有关，射线源尺寸越小，可选用的放大倍数越大。

③棒阳极X射线管　这种X射线管的阳极制成棒状，可伸进小直径筒内对环焊缝作周向曝光。

4）X射线管的技术特性

①阴极特性

X射线管的阴极特性是指，在一定管电压下，饱和管电流与灯丝电流（灯丝温度）之间的关系。如图2-16所示是X射线管的阴极特性曲线。由图可知，在阴极的工作温度范围内，较小的温度变化就会引起较大电流的变化。

②阳极特性

X射线管的阳极特性是指，在一定的阴极灯丝电流下，管电流与管电压的关系。如图2-17所示是X射线管的阳极特性曲线。从图中可以看到，管电流在最初随着管电压升高而增加，但当管电压达到一定值以后，管电流趋于饱和。产生这种饱和特点的原因是，灯丝发射的电子已接近全部到达阳极靶。当X射线管施加的管电压较低时，为了得到较大的管电流，只能采用更大的灯丝电流。但实际上灯丝电流也只能在一定范围内调整，这也就限定了低管电压下可使用的最大管电流。

③X射线管的真空度

X射线管必须在高真空度中才能正常工作，故在使用时要特别注意不能使阳极过热。阳极金属过热时会释放气体，使X射线管的真空度降低，发生气体

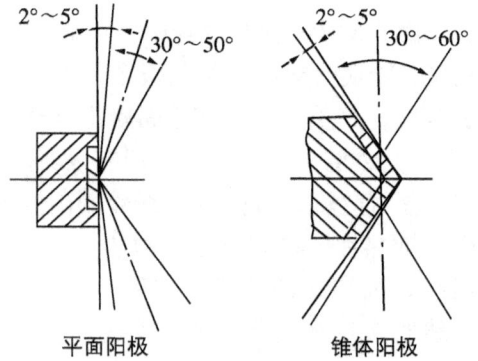

图2-14　周向X射线管

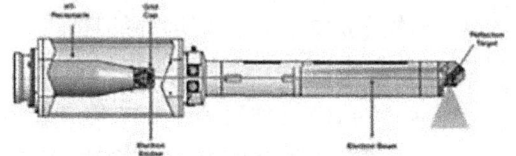

图2-15　棒阳极X射线管

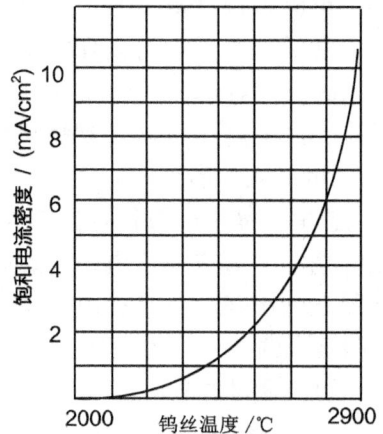

2-16　X射线管的阴极特性曲线

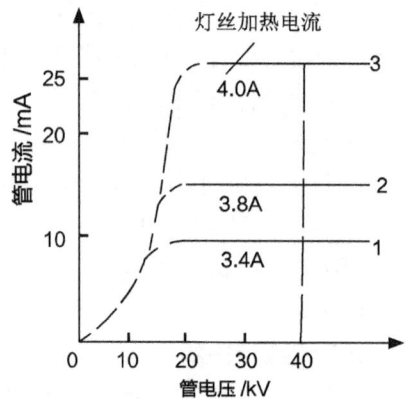

2-17　X射线管的阳极特性曲线

放电现象。气体放电会影响电子发射，从而使管电流减少。严重放电现象也可能造成管电流突增，这两种情况都可以从毫安表上看出毫安表指针摆动，严重时指针能打到头，过流继电器动作，最坏的后果是导致X射线管被击穿。高温下工作的X射线管实际上还存在另一种情况，就是高温金属离子也能吸收气体。当管内某些部分受电子轰击时，放出的气体立即被电离，其正离子飞向阴极，撞击灯丝所溅散的金属会吸收一部分气体。这两个过程在X射线管工作中是同时存在的，达到平衡时就决定了此时X射线管的真空度。

这就是X射线机训机的基本原理。对新出厂的或长期不使用的X射线机应经严格训机后才能使用。

X射线管的真空度可以用"高频火花真空测试仪"检查，亦可通过冷高压试验确定其能否使用。

④X射线管的寿命

X射线管的寿命是指由于灯丝发射能力逐渐降低，射线管的辐射剂量率降为初始值的80%时的累积工作时限。玻璃管寿命一般不少于400h，金属陶瓷管寿命不少于500h。如果使用不当，将使X射线管的寿命大大降低。保证X射线管使用寿命的措施主要有以下几条：

a.在送高压前，灯丝必须提前预热、活化；

b.使用负荷应控制在最高管电压的90%以内；

c.使用过程中一定要保证阳极的冷却，例如，将工作和休息时间设置为1∶1；

d.严格按使用说明书要求进行训机。

（3）X射线机的基本结构

一般X射线机由4部分组成：高压部分、冷却部分、保护部分和控制部分。本部分以工频X射线机为例做简单介绍。

1）高压部分

射线机的高压部分包括X射线管、高压发生器（高压变压器、灯丝变压器、高压整流管和高压电容）及高压电缆等。

X射线管已在前介绍，以下介绍其他高压元件。

①高压发生器

a.高压变压器

高压变压器的作用是将低电压通过变压器提升到X射线管工作所需的高电压。它的特点是功率不大（约几千伏安），但输出电压却很高，达几百千伏，因此，高压变压器二次匝数多，线径细。这就要求高压变压器的绝缘性能要好、即使温升较高也不会被损坏。

高压变压器的铁心一般用磁导率高的冷轧硅钢片叠成口字形和日字形。绕组选用含杂质少的高强漆包线，层间绝缘材料一般用多层电容纸（对气绝缘X射线机则多用聚酯薄膜或热性能更好的聚亚胺薄膜），绕制时要十分注意匝间和层间的绝缘，不得混入灰尘和污物，绕制好的变压器需经真空干燥处理后再使用。

b.灯丝变压器

X射线机的灯丝变压器是一个降压变压器，其作用是把工频220电压降到X射线管灯丝所需要的十几伏电压，并提供较大的加热电流（约为十几安）。由于灯丝变压器的二次绕组在高压回路里，和X射线管的阴极连在一起，所以要采取可靠措施，确保二次绕组和一次绕组间的绝缘。工频油绝缘和恒频气绝缘X射线机都有单独的灯丝变压器；而变频气绝缘X射线机为减少质量和体积，一般没有单独的灯丝变压器，而是在高压变压器绕组外再绕6-8匝加热线圈来提供灯丝加热电流，其结果是灯丝加热电流随着高压变压器的一次侧电压变动而变化，射线机只有在管子上加有一定的工作电压才有管电流。该电路设计时必须妥善考虑X射线管的灯丝发射特性和整机工作电压及电流的相互配合。

c.高压整流管

常用的高压整流管有玻璃外壳二极整流管和高压硅堆两种，其中使用高压硅堆可节省灯丝加热变压器，使高压发生器的质量和尺寸减小。

d.高压电容

这是一种金属外壳、耐高压、容量较大的纸介电容。

携带式X射线机没有高压整流管和高压电容，所有高压部件均在射线机头内。移动式X射线机有单独的高压发生器，内有高压变压器、灯丝变压器、高压整流管和高压电容等。

②高压电缆

高压电缆高压电缆是移动式X射线机用来连接高压发生器和X射线机头的电缆，它的构造如图2-18：

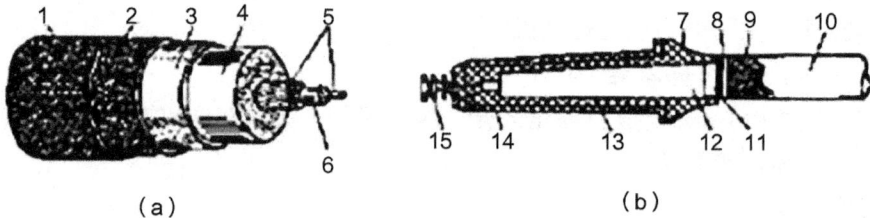

（a）高压电缆解剖图　（b）高压电缆头的结构示意图
1、10—保护层（塑料或棉纱网）　2、9—接地金属网层　3—半导体橡皮层　4—主绝缘层
5—同心芯线　6—绝缘层　7—接地金属罩　8—细铜裸线　11—电缆半导体层
12—电缆主绝缘锥体　13—摇头套筒　14—填充料　15—连接触头

图2-18 高压电缆的构造

a.保护层是电缆的最外层，用软塑料或黑色棉纱织物制成。

b.金属网层用铜、钢、锡丝多根编织，使用时接地，以保护人身安全。

c.半导体层在绝缘橡胶层外面紧贴的一层，外观类似橡胶层，较黑、软。有一定导电功能，可为感应电荷提供通道，消除橡胶层外表面和金属网层之间的电场，避免它们之间因存在空气而发生放电造成的绝缘层老化。

d.主绝缘层用来隔离芯线和金属接地网之间的高压。

e.芯线一般有两根同心芯线，用来传送阳极电流或灯丝加热电流，由于芯线间电压很低，故同心芯线之间的绝缘层很薄。

f.薄绝缘层。

g.电缆头电缆两端的接头构造如图上图所示。

2）冷却部分

冷却是保证X射线机正常工作和长期使用的关键。冷却不好，会造成X射线管阳极过热而损坏。还会导致高压变压器过热，绝缘性能变坏，耐压强度降低而被击穿。冷却不好还会影响X射线管的寿命。所以X射线机在设计制造时采取各种措施保证冷却效率。

油绝缘携带式X射线机常采用自冷方式。它的冷却是靠机头内部温差和搅拌油泵使油产生对流带走热量，再通过壳体把热量散发出去。

气体冷却X射线机用六氟化硫（SF_6）气体作绝缘介质，由于采用了阳极接地电路，X射线管阳级尾部可伸到机壳外，其上装散热片，并用风扇进行强制风冷。其构造如图2-19所示。

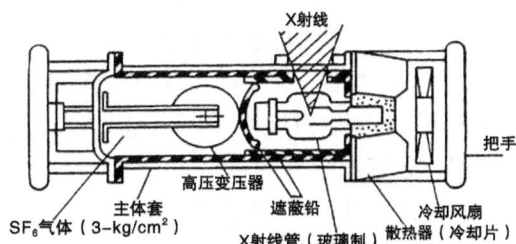

图2-19　阳极接地气体冷却X射线机

移动X射线机多采用循环油外冷方式。X射线管的冷却有单独用油箱，以循环水冷却油箱内的变压器油，再用一油泵将油箱内的变压器油按一定流量注人X射线管阳极空腔内冷却靶子，将热量带走，冷却效率较高，其冷却系统由7部分组成：

①冷却水管；

②冷却油管；

③冷却油箱；

④搅拌油泵；

⑤循环油泵；

⑥油泵电动机；

⑦保护继电器（油压和水压开关）。

3）保护部分

各种电气设备都有保护系统，X射线机的保护系统主要有：

①每一个独立电路的短路过流保护；

②X射线管阳极冷却的保护；

③X射线管的过载保护（过流或过压）；

④零位保护；

⑤接地保护；

⑥其它保护。

熔丝是最常用的短路过流保护元件，一般串接在电路末端，当流过熔丝的电流超过其额定值时，由于过热而熔化断开，使该电路断电起到保护作用。如目前常用的气体绝缘携带式X射线机一般在主电路接一个15~20A的熔丝，在低压电路接一个2~3A的熔丝。

4）控制部分

控制系统 X射线管外部工作条件的总控制部分，主要包括管电压的调节、管电流的调节以及各种操作指示。

管电压调节 X射线机管电压调节一般是通过调整高压变压器的初级侧并联的自耦变压器的电压来实现。

管电流调节 X射线管管电流调节是通过调节灯丝加热电流来实现的。

操作指示部分 X射线机的操作指示部分包括控制箱上的电源开关，高压通断开关，电压、电流调节旋钮，电流、电压指示表头，计时器，各种指示灯等。

（4）X射线机的使用和维护

X射线机在日常使用中应严格遵守X射线机的使用说明，认真进行各项维护工作。正确地使用和维护X射线机，可以延长其寿命。

1）X射线机操作程序

各种型号的X射线机控制部分的电路原理有很大差别，它们的操作程序应按设备说明书的要求进行。通常的操作程序为：

①通电前准备。

a.用电源线、电缆线将控制箱、机头、高压发生器以及冷却系统等可靠连接，保证插头接触良好；

b.检查使用电源电压是否为220V；

c.控制箱可靠接地。

②通电后检查 接通电源后，控制箱面板一上的电源指示灯亮，冷却系统开始工作（油绝缘机的油泵工作，气绝缘机的机头风扇转动）。

③曝光准备 油绝缘机"kV""mA"调到零位，"时间"调到预定位置，气绝缘机"kV""时间"预置到规定位置。

④曝光 按下"高压"通开关，红灯亮，表示高压已接通。

a.对油绝缘机，均匀调节"kV""mA"到规定值。对气绝缘机，调节"kV"到预定值。

b.冷却系统必须可靠工作。

⑤曝光结束。

a.对油绝缘机，当蜂鸣器响，应均匀调节"kV""mA"回零，红灯灭，高压切断，时间复位。

b.对气绝缘机，当蜂鸣器响，"kV""mA"灯灭，高压切断，时间复位。

⑥曝光过程如发现异常，可按下"高压"断开关，切断高压，分析原因后再考虑是否继续进行操作。

2）X射线机使用注意事项

①认真训机 不是连续使用的X射线机都必须按说明书要求进行逐步升高电压的训练，这一过程称之为训机。

训机的方法原则上按说明书要求进行。一般玻璃管X射线机，训机可以从额定管电压的1/3开始，电流从2~3mA开始，逐步将电压、电流升高达到额定值，在升高压过程中要密切注意电流的变化，如"mA"不稳定，则应降低管电压重新训练，如反复数次仍然不行，则说明该X射线管真空度不良，已不能使用。

电压的增加速度与停用时间关系如表2-1所示：

表2-1　玻璃管X射线机训机规定

停用时间	8h~16h	2天~3天	3天~11天	21天以上
升压速度	10kV/30s	10kV/60s	10kV/2.5min	10kV/5min

表2-2　金属陶瓷管X射线机训机规定

终止使用时间	训 机 方 法
1天	只需自动训机到使用电压值，若使用电压较前一天高，可自动训机至前一天值后手动按10kV/min升至使用值
2~7天	手动训机，从最低值开始，按10kV/min升至最高值。（到210kV时，需休息5min，然后继续训练）训练完毕，放置在使用值上
7~30天	手动训机，从最低值开始，每5min升一级，至最高值，每训机10min，休息5min
30~60天	手动训机，从最低值开始，每5min升一级，至最高值，每升一级休息5min
60天以上	按上述方法进行，但需增加休息时间和训练次数

②可靠接地

X射线机是高电压设备，为避免漏电和感应电的影响，控制箱和高压发生器都应可靠接地。

③检查电源波动值

电源电压应符合该X射线机说明书的要求，其波动值不得超过10%的额定电压，必要时应加调压器或稳压电源，以保证X射线机正常工作。

④提前预热

X射线机送高压前，灯丝要提前预热2min以上，这对延长X射线管使用寿命影响很大。

⑤全过程冷却

X射线机在工作过程中要可靠冷却，油绝缘机主要检查循环油泵，冷却水是否正常，气体绝缘机检查机头上的冷却风扇是否工作。

⑥间休时间

X射线机一般要求按1∶1工作和休息，确保X射线管充分冷却，防止过热。

3）X射线机的维护和保养

为了减少X射线机使用故障，应做经常性的维护和保养工作。

①射线机应摆放在通风干燥处，切忌潮湿、高温、腐蚀等环境，以免降低绝缘性能。

②运输时要采取防震措施，避免因剧烈震动而造成接头松动、高压包移位、X射线管破损等。

③保持清洁，防止尘土、污物造成短路和接触不良。

④保持电缆头接触良好，如因使用时间过长，磨损松动、接触不良，则应及时更换。

⑤经常检查机头是否漏油（窗口处有气泡）、漏气（压力表示值低于0.34，应注意及时予以补充），确保绝缘性能满足要求。

2.2 γ射线机

2.2.1 γ射线源的主要特性参数

放射性同位素有2 000多种，但只有那些半衰期较长、比活度较高、能量适宜、取之方便和价格便宜的同位素才适用于检测。目前工业射线照相常用的放射性同位素及其特性参数如表2-3所示：

表2-3 常用射线源的主要特性

射线源	^{60}Co	^{192}Ir	^{75}Se	^{170}Tm
主要能量/MeV	1.17 1.33	0.30 0.31 0.47 0.60	0.13 0.26	0.052 0.084
半衰期	5.3a	74d	120d	128d
Kr [(R·m²/(h·Ci))]	1.30	0.48（0.55）	0.20（0.125）	0.0014
C·m²/(kg·h·Bq)	9.2×10^{-5}	3.3×10^{-15}	1.4×10^{-15}	0.01×10^{-15}
等效能量	1.25MeV	400keV	217keV	84keV
适宜厚度（钢/mm）	40~200	20~100	10~40	≤5

放射性活动定义为γ射线源在单位时间内发生的衰变数，单位是贝克（贝克勒尔），符号是Bq，1Bq表示1s的时间内有1个原子核发生衰变。原用的活度单位是居里，符号是Ci，两者的换算关系为：$1Bq=2.7\times10^{-11}Ci$，$1Ci=3.7\times10^{10}Bq$。

对同一种射线源，放射性活度大的源在单位时间内将辐射更多的γ射线。但对不同的γ射线源，即使放射性活度相同，也并不表示它们在单位时间内辐射的γ射线光量子数目相同，这是因为，不同的放射性同位素在一个核的衰变中放出的γ射线光量子数目可以不同。

例如，Co60 γ射源的每一个核衰变放出2个能量不同的光子，而Tm170衰变时，却不是每个核的衰变都放出γ射线光子，只有总衰变数的8%产生γ射线。所以，放射性活度并不等于γ射线源的强度，但两者存在一定的关系。因此，同一种放射性同位素源，放射性活度大的源其辐射的γ射线强度也大；但对非同种放射性同位素的源则不一定。

放射性比活度定义为单位质量放射源的放射性活度，单位是贝克/g，符号为Bq/g。比活度不仅表示放射源的放射性活度，而且表示了放射源的纯度。实际上，任何γ射线源中总伴有一些杂质，不可能完全由放射性核素组成，因此。比活度更能表明γ射线源的品质。比活度大意味着在相同活度条件下，该种放射性同位素的源尺寸可以做得更小一些。

2.2.2 γ射线检测设备的特点
（1）γ射线探伤设备的优点

1）探测厚度大，穿透能力强。对钢工件而言，400kV X射线机最大穿透厚度仅为100mm左右，而Co60 γ射线探伤机最大穿透厚度可达200mm。

2）体积小，质量轻，不用水、电，特别适用于野外作业和在用设备的检测。

3）效率高，对环缝和球罐可进行周向曝光和全景曝光。同X射线机相比大大提高效率。

4）可以连续运行，且不受温度、压力、磁场等外界条件影响。

5）设备故障率低，无易损部件。

6）与同等穿透力的X射线机相比价格低。

（2）γ射线探伤设备的缺点

1）γ射线源都有一定的半衰期，有些半衰期较短的射源，如Ir192更换频繁，给使用带来不便。

2）辐射能量固定，无法根据试件厚度进行调节，当穿透厚度与能量不适配时，灵敏度下降较严重。

3）放射强度随时间减弱，无法进行调节，当源强度较小时，曝光时间过长会感到不方便。

4）固有不清晰度比X射线大，用同样的器材及透照技术条件，其灵敏度低于X射线机。

5）对安全防护要求高，管理严格。

2.2.3　γ射线检测设备的分类与结构

（1）γ射线探伤设备分类

按所装放射性同位素不同，可分为Co60γ射线探伤机、Cs137射线探伤机、Ir192γ射线探伤机、Se75射线探伤机、Tm170γ射线探伤机及Yb169γ射线探伤机。

按机体结构可分为直通道形式和"S"通道形式。

按使用方式可分为便携式（一个人可单独携带）、移动式（能以适当专用设备移动但不是手提式的）、固定式（固定安装或只能在特定工作区作有限移动）及管道爬行器。

Ir-192 型　　Co-60 型　　Se-75 型

工业γ射线探伤主要使用便携式Ir192γ射线探伤机、Se75γ射线探伤机和移动式Co60γ射线探伤机；Tm170γ射线探伤机和Yb169γ射线探伤机在轻金属及薄壁工件的探伤具有优势；管道爬行器则专用于管道的对接环焊缝检测。

（2）γ射线探伤设备的结构

γ射线探伤设备大体可分为5个部分：源组件、探伤机机体、驱动机构、输源管和附件。

1）源组件，源组件由放射源物质、包壳和辫子组成。放射源物质装入源包壳内，包壳采用内外两层。里层是铝包壳，外层是不锈钢包壳，并通过等离子焊封口。源包壳可防止放射性污染的扩散。源包壳与源辫子连接多采用冲压方式，可以承受很大的拉力，如图2-20所示。

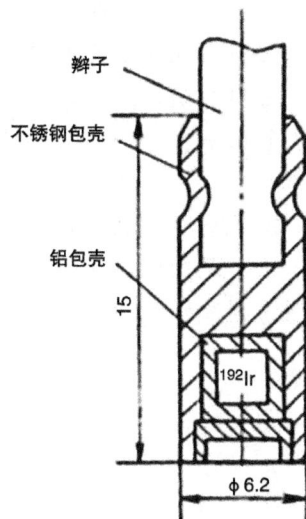

图2-20　源组件结构示意图

2）探伤机机体，γ射线机体最主要部分是屏蔽容器，其内部通道设计有"S"形弯通道型和直通道型两种。

所谓"S"通道设计是指其屏蔽材料内通道形状为"S"形，其机体结构如图2-21所示。这种装置是基于辐射是以源为始点以直线向外传播的原理设计的。因为屏蔽体是"S"状，使得射线不能以直线路径从屏蔽体中透射出来，从而达到防护的目的。

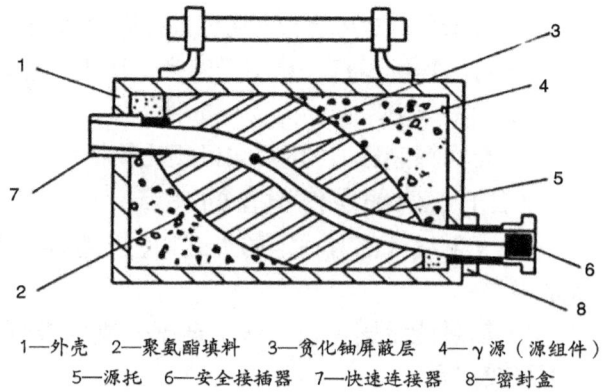

1—外壳 2—聚氨酯填料 3—贫化铀屏蔽层 4—γ源（源组件）
5—源托 6—安全接插器 7—快速连接器 8—密封盒

图2-21 S通道γ射线机源容器的基本结构示意图

直通道型机体比"S"通道机体轻，体积也小，但由于需要解决屏蔽问题，所以结构更复杂一些。在直通道型机中，射线沿通道的泄漏是靠钨制屏蔽柱屏蔽的。前屏蔽柱装在机体内的闭锁装置中；后屏蔽柱一般两节，长50mm，装在源组件后，与源顶辫成链式连接。由于链式连接源辫的柔韧性不如钢索，所以使用直通道型了射线探伤机时，对输源管弯曲半径要求更大，一般不得小于500mm，而"S"通道γ射线探伤机输源管弯曲半径则可小一些。

屏蔽容器一般用贫化铀材料制作而成，比铅屏蔽体的体积、质量减小许多。

γ射线机机体上设有各种安全联锁装置可防止操作错误，例如：当源不在安全屏蔽中心位置时锁就锁不上，这时需要用驱动器来调节源的位置使其到达屏蔽中心。因此，该装置能保证源始终处于最佳屏蔽位置。操作时如果控制缆与源辫未连接好，装置可保证使操作者无法将源输出，以避免源失落事故的发生。

γ射线检测装置采用规定程序来保证操作安全可靠，其程序过程如下：

①只有专用钥匙才能打开安全锁；

②只有打开安全锁才能旋动选择环；

③只有选择环到"连接"位置才能卸下端盖；

④只有卸下端盖才能把控制缆上的阳接头与源辫上的阴接头接上；

⑤只有阴阳接头连接无误，选择环才能转动到工作位置，源才能被驱动出来；

⑥以上任一环节未完成或操作程序不对，源就无法输出。这样就防止了意外事故的发生。

3）驱动机构，驱动机构是一套用来将放射源从机体的屏蔽储藏位置驱动到曝光焦点置，并能将放射源收回到机体内的装置。

γ射线探伤设备及驱动机构工作情况示意图如图2-22所示。

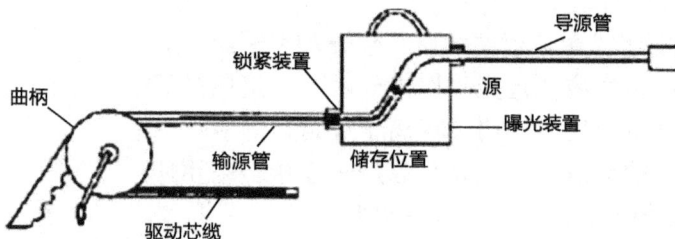

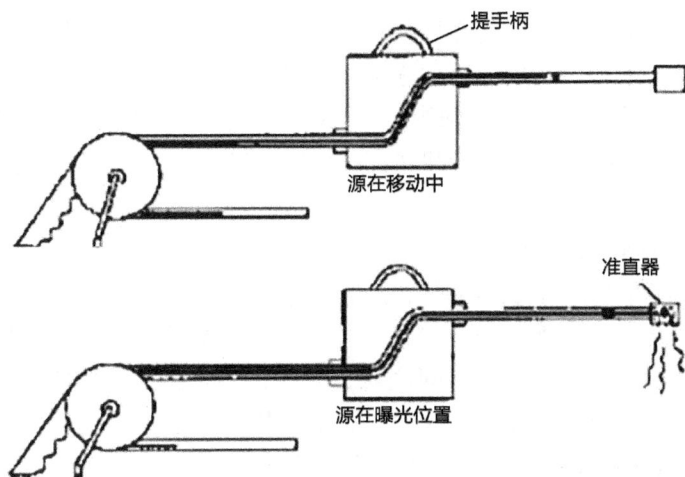

图2-22　γ射线设备及驱动机构工作情况示意图

该装置一般可分为手动驱动和电动驱动两种。手动驱动器包括控制缆导管、连接机体结构与控制手柄。靠摇动手柄来驱动源在输源管中移动，为正确判断源的输送位置，手柄上一般还装有源位指示器以确保源准确到达曝光焦点。

在现场无防护条件下进行射线探伤，如用手动驱动器操作，人只能离开源的距离10m左右，此位置的放射剂量率很高。为了解决这一问题，有些γ射线探伤设备除手动驱动外，还提供了电动驱动器。使用自动控制电动驱动器，可以预置送源延迟时间（以便操作人员发令后有足够时间离开）和预置曝光时间口当延迟时间达到预置时间时，自控电动机启动，将源送到曝光焦点，然后开始计时，当达到预置的曝光时间时，电动机再次启动将源收回到主机屏蔽体内口这样就完成一次拍片，十分安全可靠。

4）输源管，输源管也称源导管，由一根或多根软管连接一个一头封闭的包塑不锈钢软管制成，其用途是保证源始终在管内移动，其长度根据不同需要可以任意选用，使用时开口的一端接到机体源输出口，封闭的一端放在曝光焦点位置。曝光时要求将源输送到输源管的端头，以保证源与曝光焦点重合。

5）附件，为了γ射线探伤设备的使用安全和操作方便，一般都配套一些设备附件。常用附件有：

①各种专用准直器，用于缩小或限制射线照射场范围以减少散射线和降低操作者所受的照射剂量；

②γ射线监测仪、个人剂量计及音响报警器，用于确保操作人员的安全及确认放射源所在位置，防止放射事故的发生；

③各种定位架，用于固定输源管的照相头。定位架有多种形式，每一种定位架都有一定的调节范围并能固定准直器，从而保证放射源位于曝光焦点中心；

④专用曝光计算尺，可以根据胶片感光度、源种类、源龄、工件厚度、源活度及焦距，快速算出底片最佳黑度所需的曝光时间；

⑤换源器，因为γ射线源强度会随时间衰减，经过几个半衰期后源的强度减小，曝光

时间增加，工作效率下降，这时就需要换源。在换源过程中要把旧源从γ射线机的机体内输送到换源器内，再把新源从换源器内送到γ射线机的机体内。换源器就是用来完成这一过程的设备。它是一个椭圆形的有两个Ⅰ形孔道的由贫化铀为主要屏蔽材料制成的容器，重几十kg。换源器也可用于源的运输和储存。

2.2.4　γ射线探伤机的操作

射线机与X射线机比较具有设备简单、便于操作、不用水电等特点，但射线机操作错误所引起的后果将是十分严重，因此，必须注意射线机的操作和使用。按照国家的有关规定，使用射线机的单位涉及到放射性同位素，因此，单位必须申领放射性同位素使用许可证，操作人员应经过专门的培训，并应取得放射工作人员证。

（1）射线机的操作一般应按下列程序进行

1）准备工作，检查射线机的有关部分是否完好正常，例如，驱动机构是否可正常工作，输源导管是否存在损坏，个人剂量仪及辐射场剂量监测仪表是否能正常工作，主机的漏泄辐射是否处于规定范围之内等。在确认射线机处于完好后方可进行安装应用。

2）主机安装，主机（探伤机）应放置在距离曝光点不远的适当位置。安放地点应便于输源管铺设且便于操作，安放要保证平稳。

3）组装输源管，根据拍片实际情况，确定输源管根数（在满足拍片前提下，采用尽量少的输源管），原则上输源管不得多于3根。

4）固定照相头，用定位架把输源管的端头定位并夹紧（用准直器时则将准直器固定）并使输源管的端头部与照相焦点重合。

5）铺设输源管，应保证送源操作顺利，同时尽可能考虑有利于人员屏蔽口如果场地宽敞，应使输源管尽量伸直。当输源管不得不弯曲时，弯曲半径应不小于500mm，较小的弯曲半径可能妨碍控制缆的运动甚至造成卡源事故。

6）连接输源管，从屏蔽容器上取下源顶辫，将其插入储存源顶辫管内，把输源管接到主机出口接头上。

7）选择驱动机构操作位置（手动操作时），为了最大限度减少辐射伤害，操作人员应在防护物的后面（或检测控制室内）操作。驱动机构相对屏蔽容器最好成直线，使控制缆尽量放直：控制缆的弯曲半径不得小1m，更小的弯曲半径可能妨碍控制缆的运动。

8）连接控制缆按下列顺序把控制缆接到屏蔽容器上：

①将锁打开，把选择环从"锁紧"位置转到"连接"位置，防护盖自动弹出；

②将控制缆连接套向后滑动，打开控制缆连接器上的卡爪，露出控制缆上的阳接头；

③用大拇指指尖压下弹簧顶锁销，把阴阳接头嵌接好，放开锁销，检验是否连接妥当；

④收拢卡爪，盖住阴阳接头部件；

⑤向前滑动连接套，套住卡爪，并将连接套上的缺口销插入选择环定位环孔内；

⑥保持控制缆连接套紧贴在屏蔽装置上的联锁装置上，把选择环从"连接"位置转到"锁紧"位置。

注意：在送源操作开始之前，应一直保持联锁处于"锁紧"位置。

9）计算曝光时间，根据拍片条件，用计算尺或计算器计算出最佳黑度所需曝光时间。

10）送出射源，把选择环转到"工作"位置，迅速转动手摇柄（顺时针方向），源从屏蔽容器进入输源管，直到源送到头为止。

注意：射源送出或收回时，应快速轻摇，直到摇不动为止，严禁使劲猛摇造成转轴移位，齿轮打滑。在用手摇过程中，只要发现移动手柄有困难，就应反向摇动手柄把源收回到屏蔽容器中。然后用 γ 剂量率仪检测工作场所，确信放射源回到储存位置后，再检查控制缆和输源管的弯曲半径是否太小，校正后再往外送源。

11）收回射源，当达到要求的曝光时间后，沿逆时针方向迅速转动手柄，使源回到储存位置，用剂量率仪确认源已回到储存位。

12）锁紧选择环将选择环由"工作"位置转到"锁紧"位置，用锁锁牢。注意：如果选择环不能转到"锁紧"位置，说明源未完全收回，应检查原因。

若使用自动控制电动驱动器则按以下程序操作：

①自动控制电动驱动器的安装，将自动控制仪安放平稳，接好控制仪电源线；按控制仪使用说明书的规定，检查仪表有无故障。

②按手动方式相同步骤将控制缆和输源管与主机相连，并进行各项检查。

③按自动控制仪使用说明书的规定操作仪器，预置启动延迟时间、输源管距离、曝光时间，然后按下"启动"按钮，自控仪将自动完成"送源——曝光——收源"的检测照相过程。

操作过程中，人员可在远离放射源的地方工作，使受照射剂量减少到最低程度。

（2）换源操作要点

换源器有两个 'I' 孔道，一个用于装新源，一个用于回收旧源。换源操作示意图如图 2-23 所示：

图 2-23　换源操作示意图

换源的两项内容是：一是将探伤机里的旧源收回到换源器中；二是将换源器里的新源送到探伤机的屏蔽体中。其主要操作步骤如下：

1）按 γ 射线探伤机操作步骤把驱动机构与探伤机主机连接；

2）将不带照相头的输源管分别与主机及换源器相连；

3）摇动驱动机构手柄，将旧源送入到换源器中；

4）从旧源辫上取出控制缆上的阳接头，从换源器旧源孔道接头上拆下输源管，将输源管与换源器上新源孔道相接；

5）将控制缆上阳接头与新源辫的阴接头连接，接上导源管；

6）摇动驱动机构手柄，将新源拉回到探伤机中；

7）按 γ 射线探伤机操作步骤取下驱动机构和输源管，锁上安全联锁，换源工作完成。

注意：在换源操作过程中，必须使用 γ 射线剂量仪表及音响报警仪进行监测。

2.2.5　γ 射线探伤机的维护和故障排除

（1）安全联锁失灵，安全联锁是由安全锁、防护盖、选择环、锁紧锁、定位爪等零件组成。一般很少出现故障。若在使用中发现有问题时，应首先检查是否严格按照操作程序进行操作，并是否操作到位。如确认存在故障，应通知厂家进行处理。

（2）机械零件损坏，机械零件损坏是γ射线探伤设备故障的主要原因。可能出现的损坏有：阳接头拉断、驱动机构失灵（弹簧片断裂、齿轮的齿损坏、缆绳节距滑变、杂物卡死等原因导致）、控制缆导管及输源管被砸扁变形或更严重的损坏、源外包壳与源座脱开等。

故障后果比较严重的是掉源，即阳接头脖子拉断或阳接头从阴接头中脱出。为防止出现这种故障，阳接头采用高强度合金钢，经调质处理后精加工制成。使用中应定期对接头进行检验，接头的磨损可用连接件卡板检验，卡板检验如图2-24所示。在不强行用力的情况下，接头应无法通过卡板各相应位置，否则应更换连接件。

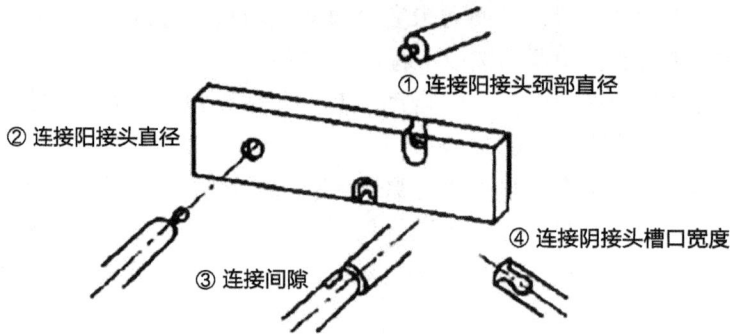

① 连接阳接头颈部直径
② 连接阳接头直径
③ 连接间隙
④ 连接阴接头槽口宽度

图2-24 卡板检验示意图

（3）机体破碎，γ射线探伤设备的机体都十分坚固，即使从高空跌落，最多只砸坏提手或外层钢壳，不会危及内部高强度的屏蔽套，所以机体破碎的故障概率极小。

2.3 检测器材

2.3.1 射线照相胶片

（1）射线照相胶片的构造与特点

射线胶片的结构如图2-25所示，射线胶片不同于一般的感光胶片，一般感光胶片只在胶片片基的一面涂布感光乳剂层，在片基的另一面涂布反光膜。射线胶片在胶片片基的两面均涂布感光乳剂层，目的是增加卤化银含量以吸收较多的穿透能力很强的X射线和γ射线，从而提高胶片的感光速度，同时增加底片的黑度。

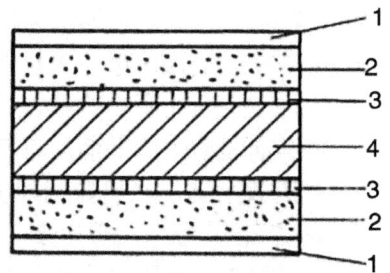

1-保护层　2-感光乳剂层
3-结合层　4-片基

图2-25 射线胶片的结构

1）片基

片基为透明塑料，它是感光乳剂层的支持体，厚度约为0.175mm~0.30mm。大多采用醋酸纤维或聚酯材料（涤纶）制作。聚酯片基较薄，韧性好，强度高，更适用于自动冲洗。为改善照明下的观察效果，通常射线胶片片基采用淡蓝色。

2）结合层

其作用是使感光乳剂层和片基牢固地粘结在一起，防止感光乳剂层在冲洗时从片基上脱下来，结合层由明胶、水、表面活性剂（润湿剂）、树脂（防静电剂）组成。

3）感光乳剂层（又称感光药膜）

每层厚度约10~20μm，通常由溴化银微粒在明胶中的混合体构成。乳剂中加入少量碘化银，可改善感光性能，碘化银含量按物质的量计，一般不大于5%。卤化银颗粒大小一般为1~5μm。此外乳剂中还加进防灰雾剂（羟基四氮唑，苯拼三氮唑等）及某些稳定剂和坚膜剂。

明胶是用动物的皮、骨等组织中的纤维蛋白——骨胶原经处理后制成。明胶可以使卤化银颗粒在乳剂中分布均匀，并对银盐也起一些增感作用。明胶对水有极大的亲和力，因此胶片暗室处理时，药液能均匀地渗透到乳化剂内部与卤化银粒子起作用。

在胶片生产过程中，感光乳剂经化学熟化过程后还要进行物理熟化（二次成熟），以改变卤化银颗粒团的表面状况，并增加接受光量子的能力。感光乳剂中卤化银的含量、卤化银颗粒团的大小、形状，决定了胶片的感光速度，射线胶片中的Ag含量大致为10~20g/m^2。

4）保护层（又称保护膜）

是一层厚度1~2μm，涂在感光乳剂层上的透明胶质，防止感光剂层受到污损和摩擦，其主要成分是明胶、坚膜剂（甲醛及盐酸萘的衍生物）、防腐剂（苯酚）和防静电剂。为防止胶片粘连，有时在感光乳剂层上还涂布毛面剂。

（2）底片黑度

射线穿透被检查试件后照射在胶片上，使胶片产生潜影，经过显影、定影化学处理后，胶片上的潜影成为永久性的可见图像，称为射线底片（简称为底片）。底片上的影像是由许多微小的黑色金属银微粒所组成，影像各部位黑化程度大小与该部位被还原的银量多少有关，被还原的银量多的部位比银量少的部位难于透光。底片黑化程度通常用黑度（或称光学密度）D表示。

黑度D定义为照射光强与穿过底片的透射光强之比的常用对数值，即：

$$D=\lg(L_0/L)$$

式中：L_0——照射光强；L——透射光强，L_0/L又称阻光率。

黑度D与照射光强和透射光强关系示意图如图2-26所示：

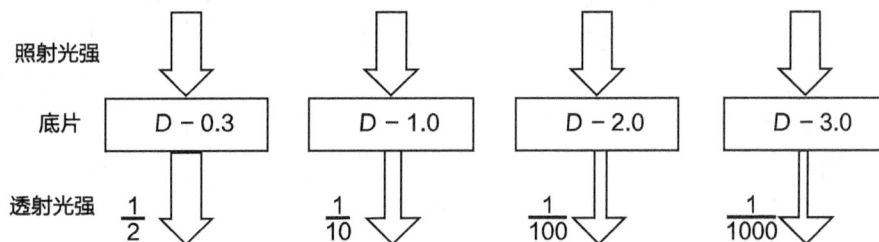

图2-26　底片黑度不同，投射光强度不同

【例】已知观片灯亮度为100 000cd/m²，用来观察黑度为3.5的底片，问透过底片的光强为多少？

解：由$D=\lg(L_0/L)$

可知：$L=L_0/10^D=100\ 000/10^{3.5}=31.6$（$CD/m^2$）

（3）射线胶片的特性

射线胶片的感光特性主要有：感光度（S）、灰雾度（D_0）、梯度（G）、宽容度（L）、最大密度（D_{max}），这些特性可在胶片特性曲线上定量表示。

1）胶片特性曲线

胶片特性曲线是表示相对曝光量与底片黑度之间关系的曲线。在特性曲线图中，横坐标表示X射线曝光量的对数值，X纵坐标表示胶片显影后所得到的相应黑度。

①增感型胶片特性曲线如图2-27所示成"S"形。增感型胶片的特性曲线由以下几个区段组成：

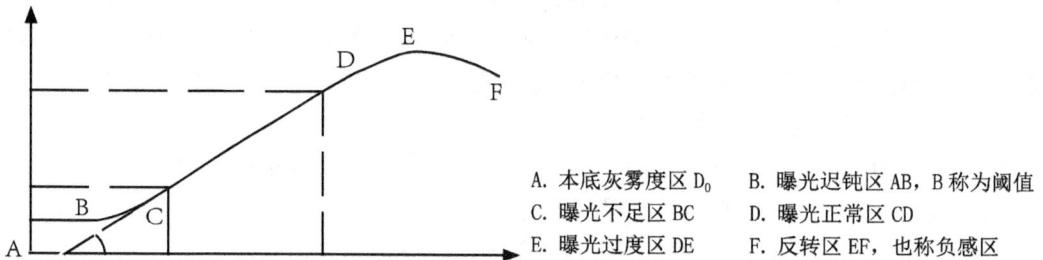

A. 本底灰雾度区 D_0 B. 曝光迟钝区 AB，B 称为阈值
C. 曝光不足区 BC   D. 曝光正常区 CD
E. 曝光过度区 DE   F. 反转区 EF，也称负感区

图2-27 增感型胶片特性曲线

a.曝光迟钝区（AB）：曝光量增加，底片黑度不增加，又称不感光区，当曝光量超过B点，才使胶片感光，B点称为曝光量的阈值。

b.曝光不足区（BC）：曝光量增加时，底片黑度只缓慢增加，此区段不能正确表现被透照工件的厚度差和底片密度差的关系。

c.曝光正常区（CD）：黑度值随曝光量对数的增加而呈线性增大，这是射线检测时所要利用的区段。

d.曝光过渡区（DE）：曝光量继续增加时，黑度增加较小，曲线斜率逐渐降低直至E点为零。

e.反转区（EF）：也称负感区，曝光极端过度时，黑度反而减小。

②非增感型胶片的特性曲线如图2-28所示，非增感型胶片的特性曲线也有曝光迟钝区、曝光不足区和曝光正常区，但其"曝光过渡区"在黑度非常高的区段，大大超过一般观光灯的观察范围，故通常不再描绘在特性曲线上。非增感型胶片无明显的负感区。在

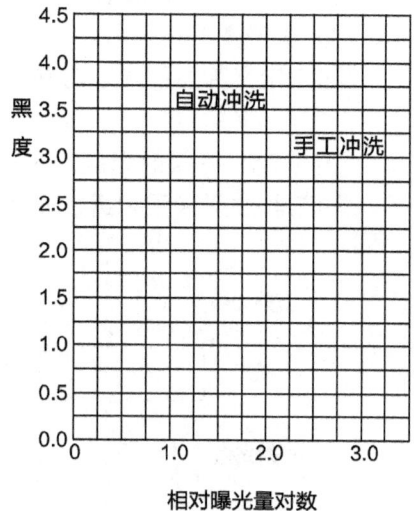

相对曝光量对数
图2-28 非增感型胶片特性曲线

常用的黑度范围内，非增感型胶片特性曲线成"J"形。

2）胶片的特性参数

①感光度（S）

在特定的曝光、冲洗加工和图像测量条件下，照相材料对透照辐射能响应的一种定量测量。一般把射线底片上产生一定黑度所用曝光量的倒数定义为感光度。

射线胶片感光度与乳剂层中的含银量有关，感光度的测定结果还受到射线能量、明胶成分、增感剂含量以及银盐颗粒大小、形状显影配方、温度、时间以及增感方式的影响。对同一类型的胶片来说，银盐粒度越粗，其感光度越高。

②灰雾度（D_0）

未经曝光的胶片经显影和定影处理后也会有一定的黑度，此黑度称为灰雾度（D_0），又称为本底灰雾度。灰雾度小于0.3时，对射线底片的影像影响不大。灰雾度过大会损害影像对比度和清晰度，降低灵敏度。灰雾度由两部分组成，即片基光学密度和胶片乳剂经化学处理后的固有光学密度。通常感光度高的胶片要比感光度低的胶片灰雾度大。保存条件不当和保存时间过长也会使灰雾度增大。此外，底片所显示的灰雾不仅与胶片灰雾特性有关，而且与显影液配方、显影温度、时间等因素有关。

③梯度（G）

胶片的梯度是指胶片对不同曝光量在底片上显示不同黑度差的固有能力。可用胶片特性曲线上某一点切线的斜率表示。

④宽容度（L）

宽容度指胶片有效黑度范围相对应的曝光范围。

（4）工业射线胶片系统分类

早先的胶片分类以感光特性，即胶片粒度和感光速度为依据来划分胶片类别。分类方法也是粗略的，即大致按粒度将胶片分为微粒、细粒、中粒、粗粒，按感光速度将胶片分为很低、低、中、高速4类。

20世纪90年代中期提出了新的胶片分类方法，其特点是：

1）以胶片系统而不是以胶片作为分类主体；

2）以成像特性而不是以感光特性作为分类依据；

3）以明确的数据指标而不是含混的术语来划分类别。

所谓胶片系统是指包括射线胶片、增感屏（材质、厚度）和冲洗条件〔方式、配方、温度、时间）的组合。新的分类方法之所以提出用"胶片系统"取代"胶片"进行分类，是因为评价胶片的特性指标不仅与胶片有关。还受增感屏和冲洗条件影响，所以将三者作为一个系统进行评价。

胶片系统分类所依据的成像特性，是指胶片4个特性参数，即D=2.0和D=4.0时的最小梯度G_{min}，D=2.0时的最大颗粒度（σ_0）$_{max}$，及D=2.0时的最小梯度噪声（G/σ_0）$_{min}$（以上黑度指净黑度），即在本底灰雾度D_0以上的光学密度）。各类胶片都有明确的数据指标，目前标准规定的各类胶片的特性参数指标如表2-4所示。

表2-4 胶片系统的主要特性指标

胶片系统类别	最小梯度G_{min}		最小梯度与噪声比 $(G/\sigma_0)_{min}$	最大颗粒度σ_{0max}
	D=2（D_0以上）	D=4（D_0以上）	D=2（D_0以上）	D=2（D_0以上）
C1	4.5	7.5	300	0.018
C2	4.3	7.4	230	0.020
C3	4.1	6.8	180	0.023
C4	4.1	6.8	150	0.028
C5	3.8	6.4	120	0.032
C6	3.5	5.0	100	0.039

胶片制造商应说明所生产的工业射线胶片的类别并保证其品质，且应提供其特性数据。至于冲洗条件控制，则由胶片制造商提供预先曝光胶片测试试片，用户以本单位的处理设备、化学处理剂和方法冲洗测试片，测出灰雾限值D_0、速度系数S_x、对比度系数C_x，与胶片制造商提供的鉴定证书进行比较，据此判断冲洗条件是否符合要求。

（5）胶片的使用与保管

1）胶片的选用

应根据射线照相技术要求及射线的线质、工件厚度、材料种类等条件综合考虑，一般来说：

①可按像质要求高低选用，如需要较高的射性照相质量，则需使用梯噪比较大的胶片；

②在能满足像质要求的前提下，如需缩短曝光时间，可使用梯噪比较小的胶片；

③工件厚度较小、工件材料等效系数较低或射源性质较硬时，可选用梯噪比较大的胶片；

④在工作环境温度较高时，宜选用抗潮性能较好的胶片。在工作环境比较干燥时，宜选用抗静电感光性能较好的胶片。

2）射线胶片使用和保存注意事项

①胶片不可接近氨、硫化氢、煤气、乙炔和酸等有害气体，否则会产生灰雾。

②裁片时不可把胶片的衬纸取掉裁切，防止裁切过程中将胶片划伤。不要多层胶片同时裁切，防止轧刀，擦伤胶片。

③装片和取片时，胶片与增感屏应避免摩擦，否则会擦伤，显影后底片上会产生黑线。操作时还应避免胶片受压受曲受折，否则会在底片上出现新月形影像的折痕。

④开封后的胶片和装入暗袋的胶片要尽快使用，如工作量较小，一时不能用完，则要采取干燥措施。

⑤胶片宜保存在低温低湿环境中，温度通常以10~15℃最好；湿度应保持在55%-65%之间。湿度高会使胶片与衬纸或增感屏粘在一起，但空气过于干燥，容易使胶片产生静电感光。

⑥胶片应远离热源和射线的影响，在暗室红灯下操作不宜距离过近，暴露时间不宜过长。

⑦胶片应竖放，避免受压。

2.3.2　射线照相辅助设备器材

（1）黑度计（光学密度计）

黑度计又名光学密度计，或简称密度计。射线照相底片的黑度均用透射式黑度计测量。早期的黑度计是模拟电路指针显示的光电直读式黑度计，现今已很少使用，此处不做介绍。

目前广泛使用的是数字显示黑度计，其结构原理与指针式不同，该类仪器将接收到的模拟光信号转换成数字电信号，进行数据处理后直接在数码显示器显示出底片黑度数值。数显式黑度计有便携式和台式两种，前者比后者体积更小，质量更轻。如图2-29所示为一种台式黑度计。

图2-29　黑度计

黑度计使用前应进行"校零"：光栏上不放底片，按下测量臂，入射光直接照到光传感器，按校零"ZERO"钮，显示0.00，此时微处理器记下入射光通量ϕ_0。即完成"校零"。在完成"校零"后，即可正式测量黑度：将底片放于光阑上按下测量臂，入射光透过底片照到传感器，测量出透射光通量势ϕ，最后由微处理器计算出黑度D，并驱动数码管显示出D值。

（2）增感屏

目前常用的增感屏有金属增感屏、荧光增感屏和金属荧光增感屏3种。使用金属增感屏所得到的底片质量最好，金属荧光增感屏次之，荧光增感屏最差，但增感系数以荧光增感屏最高，金属增感屏最低。

1）增感作用及增撼系数Q

射线底片上的影像主要是靠胶片乳剂层吸收射线产生光化学作用形成的。为了能吸收较多的射线，射线照相用的感光胶片采用了双面药膜和较厚的乳剂层，但即使如此，通常也只有不到1%的射线被胶片所吸收，而99%以上的射线透射过胶片被浪费。使用增感屏可增强射线对胶片的感光作用，从而达到缩短曝光时间提高工效的目的。

增感屏的增感性能用增感系数Q表示，亦称增感率或增感因子。所谓增感系数是指胶片一定、线质一定、暗室处理条件一定时，得到同一黑度底片，不用增感屏的曝光量E_0与使用增感屏时的曝光量E之间的比值，即：

$$Q=E_0/E \tag{2-8}$$

通常用"mA·min"来表示X射线的曝光量，用"Ci·min"来表示γ射线的曝光量，如果管电流相同或源活度相同，那么曝光量取决于曝光时间，增感系数也可用不用增感屏时的曝光时间t_0与使用增感屏时的曝光时间t之比来表示，即：

$$Q=t_0/t \tag{2-9}$$

2）金属增感屏

金属增感屏一般是将薄薄的金属箔粘合在优质纸基或胶片片基（涤纶片基）上制成。金属增感屏的构造和作用如图2-30所示。

常用的金属箔材质有铅P_b、钨W、钽Ta、钼Mo、铜Cu、铁Fe等。综合增感效果、价格、压延性、表面光整度和柔韧性等因素，应用得最普遍的是用铅合金（含5%左右的锑和锡）制作的铅箔增感屏。

在射线照相中，与胶片直接接触的金属增感屏有两个基本效应：

①增感效应——金属屏受透射射线激发产生二次电子和二次射线，二次电子与二次射线能量很低，极易被胶片吸收，从而能增加对胶片的感光作用；

②吸收效应——对波长较长的散射线有吸收作用，从而减少散射线引起的灰雾度，提高影像对比度。

图2-30 增感屏的增感过程

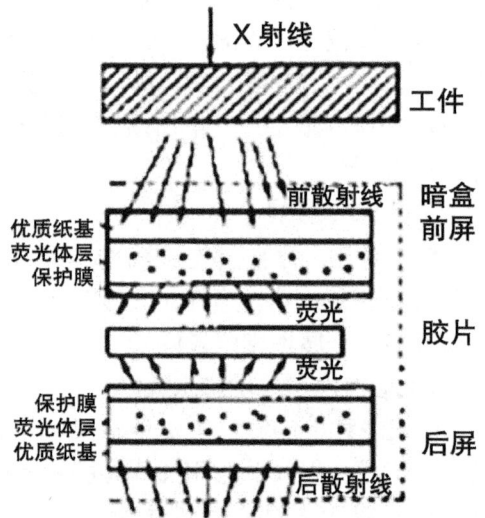

3）荧光增感屏

某些物质在射线的照射下，能产生波长较长的可见光，这些物质包括钨酸钙、氟化钙、硫化锌、铂佩化钾、铂氰化钡、铂氰化钙等。荧光增感屏通常使用的是钨酸钙。钨酸钙在射线的照射下，能产生荧光，其最强波长为425nm的蓝紫光。荧光增感屏的构造和作用如图2-31所示。

荧光增感屏与增感型胶片联用时，增感系数达100~300，因此，使用荧光增感屏与增感型胶片组合可大大地缩短曝光时间，或用较低的管电压检查较厚的工件。用钨酸钙制作的荧光增感屏按荧光物质的粒度分为粗、中、细3类，其增感性能对应为高速、中速、低速。也有用稀土材料作荧光体的稀土荧光增感屏，这种增感屏与感绿胶片配合使用，其增感系数比钨酸钙又高3~10倍。

图2-31 荧光增感屏

在较低的管电压条件下荧光增感屏有较大的增感系数。当管电压大于200kV时，增感系数降低。由于荧光增感屏的荧光体颗粒粗，荧光会发生扩展和散乱传播，加之荧光增感屏不能截止散射线，故所得底片的影像模糊、清晰度差、灵敏度低、缺陷分辨力差、细小裂纹易漏检，因此，在射线照相中的使用范围越来越小，为避免危险性缺陷漏检，承压设备的焊缝射线照相不允许使用荧光增感屏。

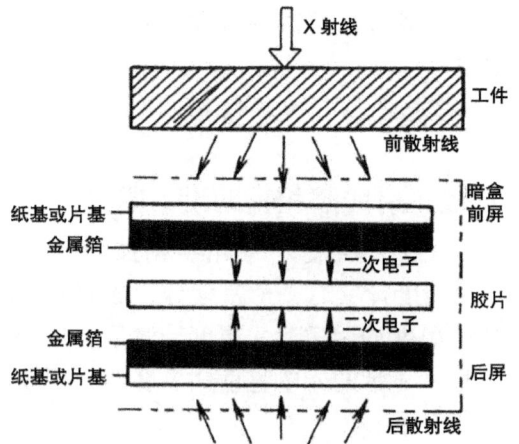

4）金属荧光增感屏

这种增感屏兼有荧光增感屏的高增感特性和铅箔增感屏的散射线吸收作用。其构造和作用如图2-32所示；将铅箔黏合在纸基上，再在铅箔上涂布荧光物质制成。金属荧光增感屏与非增感型胶片配合使用，其像质要优于荧光增感时的底片，但由于清晰度和分辨力的局限性，金属荧光感屏一般还是不用于质量要求高的工件的透照。

5）增感屏的使用注意事项

增感屏在使用过程中，其表面应保持光滑、清洁，无污秽、损伤、变形。装片后要求增感屏与胶片能紧密贴合，胶片与增感屏之间不能夹杂异物。

图2-32　金属荧光增感屏

铅箔增感屏卷曲、受折后，会引起胶片与增感屏接触不良，使底片影像模糊。铅箔的表面比较柔软，如有划伤或者开裂，由于发射二次电子的表面积增大，会使底片上出现类似裂纹的细黑线——其形状与增感屏上划痕或开裂形状相同。铅箔表向有了油污，会吸收二次电子，形成减感现象，使底片上产生白影。对于铅箔表面附着的污物，可用干净纱布蘸乙醚、四氯化碳擦去。对于铅箔增感屏上比较轻微的折痕、划痕和翻合不良引起的鼓泡，可将铅箔增感屏放置在光滑的桌面上用纱布将其抹平。铅箔极易受显影液和定影液的腐蚀，铅箔增感屏沾上了显影液和定影液后如未能及时揩抹干净，则会在增感屏表面产生严重的腐蚀斑痕，这种增感屏只能废弃不用。

铅箔增感屏保管时要注意防潮，防止有害气体的侵蚀。铅箔增感屏保存时间过长，会产生铅箔与基材之间的脱胶和合金成分锡、锑在表面呈线状析出现象，此时，在增感屏表面出现黑线条，在底片上则产生白线条。检查铅箔增感屏粘合好坏和是否脱胶，可将增感屏轻轻地反复弯曲后，看看增感屏边缘铅箔是否翘起和增感屏上的铅箔是否鼓起。

（3）像质计

1）像质计的作用与分类

像质计是用来检查和定量评价射线底片影像质量的工具，又称为影像质量指示器，或简称IQI、透度计。

像质计通常用与被检工件材质相同或对射线吸收性能相似的材料制作。像质计中设有一些人为的有厚度差的结构（如槽、孔、金属丝等），其尺寸与被检工件的厚度有一定的数值关系。射线底片上的像质计影像可以作为一种永久性的证据，表明射线透照检测是在适当条件下进行的，但像质计的指示数值并不等于被检工件中可以发现的自然缺陷的实际尺寸。

工业射线照相用的像质计有金属丝型、孔型和槽型等几种。其中金属丝型应用最广，中国、日本、德国、英国、美国，以及国际标准均采用此种像质计。此外，美国还采用平

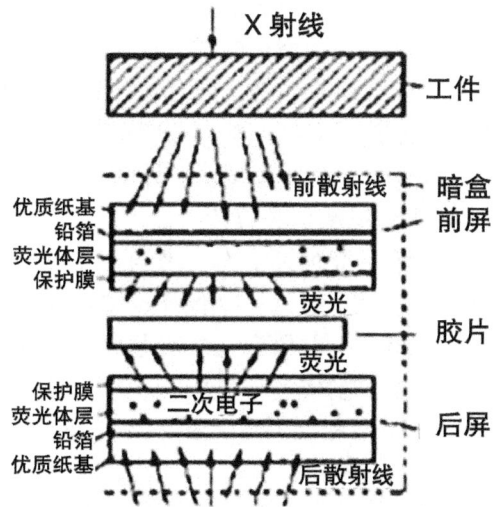

板孔型像质计。英国、法国还采用阶梯孔型像质计。如使用的像质计类型不同，即使照相方法相同，一般所得的像质计灵敏度也是不同的。

除上述像质计外，还有一种双丝型像质计，这种像质计不是用来测量射线照相灵敏度而是用来测量射线照相不清晰度的。

以下着重介绍丝型像质计的构造与特点。

2）金属丝型像质计

如图2-33所示，丝型像质计以7根编号相连接的金属丝为一组，每个像质计中所有金属线由相同的材料组成，并固定在弱吸收材料（不影响成像质量为原则）制成的包壳中。各金属线应平行，其长度、间距都相关规定。长度有三种规格，一般是10mm、25mm和50mm。

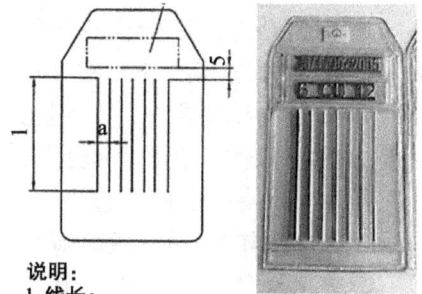

说明：
l- 线长；
a- 线距（中心线）。
α - 标识的位置，以及与金属线的间距。

图2-33 丝型像质计

按金属丝的直径变化规律，分为等差列、等比列、等径、单丝等几种形式，目前普遍采用等比列。等比数列像质计的线径公比有两种：一种是$\sqrt[10]{10}$（R10系列），一种是$\sqrt[20]{10}$（R20系列）。通常使用公式为$\sqrt[10]{10}$（R10系列），其相邻金属丝的直径之比为$\sqrt[10]{10} \approx 1.25$或者$1/\sqrt[10]{10} \approx 0.8$。如表2-5所示为R10像质计的线号和对应的金属丝直径。

表2-5 线号、直径和允差

像质计内含的线				金属线			
1号	6号	10号	13号	线号	标称线径d mm	允差mm	线距a(中心线)mm
X				1	3.20		9.6^{+1}_{0}
X				2	2.50	± 0.03	7.5^{+1}_{0}
X				3	2.00		6^{+1}_{0}
X				4	1.60		
X				5	1.25		
X	X			6	1.00	± 0.02	
X	X			7	0.80		
	X			8	0.63		
	X			9	0.50		
	X	X		10	0.40		
	X	X		11	0.32		
	X	X		12	0.25	± 0.01	3^{+1}_{0}或5^{+1}_{0}
		X	X	13	0.20		
		X	X	14	0.16		
		X	X	15	0.125		
		X	X	16	0.100		
			X	17	0.080	± 0.005	
			X	18	0.063		
			X	19	0.050		

其中：

1号线型像质计（线号1~7）；6号线型像质计（线号6~12）

10号线型像质计（线号10~16）；13号线型像质计（线号13~19）

像质计按照按材料不同分为：钢质线型像质计、铝质线型像质计、钛质线型像质计、铜质线型像质计。照相时像质计材质应与试件材质相同。当缺少同材质像质计时，也可用原子系数低的材料制作的像质计代替，几种像质计的适用材料范围如表2-6所示：

表2-6　不同材料的像质计适用的材料范围

像质计材料代号	Al	Ti	Fe	Ni	Cu
像质计材料	工业纯铝	工业纯钛	碳素钢	镍-铬合金	3#纯铜
适用材料范围	铝，铝合金	钛，钛合金	钢	镍-镍合金	铜、铜合金

以丝型像质计表示的射线照相的相对灵敏度K按下式计算：

$$K=d/T \times 100\% \tag{2-10}$$

式中：

K—丝型像质计的射线照相相对灵敏度；d—底片上可以识别的最细线径，mm；T—被检工件的穿透厚度，单位 mm。

3）像质计的摆放

不管使用何种类型的像质计，像质计的摆放位置会直接影响像质计灵敏度的指示值。在摆放像质计时，摆放位置一般是在射线透照区内显示灵敏度较低部位，如离胶片远的工件表面、透照厚度较大部位。若不利部位能达到规定的灵敏度，一般认为有利部位就更能达到。

透照焊缝时，金属丝像质计应放在被检焊缝射源一侧，被检区的一端，并使金属线横贯焊缝并与焊缝方向垂直，像质计上直径小的金属线应在被检区外侧。

采用射源置于圆心位置的周向曝光技术时，像质计可每隔120°放一个。

在一些特殊情况下，像质计无法放在射源侧的表面，此时应做对比试验，其方法是：做一个与被检工件材质、直径、壁厚相同的短试样，在被检部位内外表面各放一个像质计，胶片侧像质计上应加放F标记，然后采用与工件相同的透照条件透照。在所得底片上，以射源侧像质计所达到的规定像质指数或相对灵敏度来确定胶片一侧像质计所应达到的相应像质指数或相对灵敏度。如图2-35所示为管环缝双壁单影透照法对比试验布置图。在双壁单影

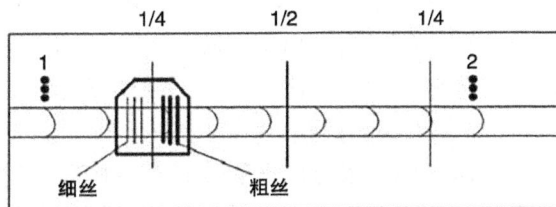

图2-34　像质计的摆放

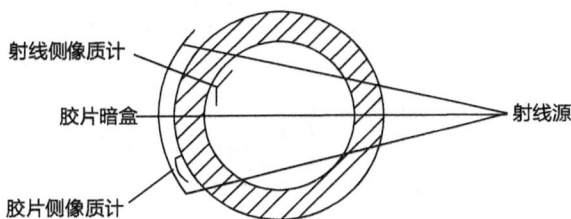

图2-35　像质计比对实验

法像质计放在胶片侧时，像质计上要加放"F"以表示像质计摆放位置是在胶片侧。

平板孔型像质计的摆放，要求放在离被检焊缝边缘5mm以上的母材表面，且像质计下应放置一定厚度的垫片，垫片厚度大致等于被检焊缝的总余高，其目的是使得受检区域的黑度不低于像质计黑度范围的15%。垫片的尺寸应超过像质计尺寸，使得至少有3条像质指示器轮廓线可在照片上看清楚，如图2-36所示。

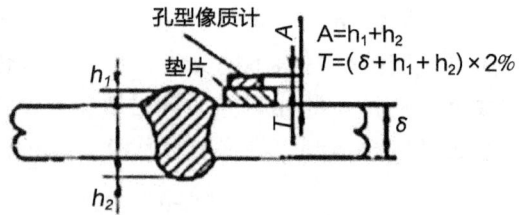

$$A = h_1 + h_2$$
$$T = (\delta + h_1 + h_2) \times 2\%$$

图2-36 平板像质计摆放

（4）其他照相辅助设备器材

1）暗袋（暗盒）

装胶片的暗袋可采用对射线吸收少而遮光性好的黑色塑料膜或合成革制作，要求材料薄、软、滑。用黑塑料膜制作的暗袋比较容易老化，天冷时发硬，热压合的暗袋边容易破裂，用黑色合成革缝制成的暗袋则可避免上述弊端。如采用以尼龙绸上涂布塑料的合成革缝制暗袋，由于暗袋内壁较为光滑，装片时，胶片、增感屏较易插入暗袋。

暗袋的尺寸，尤其宽度要与增感屏、胶片尺寸相匹配，既能方便地出片、装片，又能使胶片、增感屏与暗袋很好贴合。暗袋的外面划上中心标记线，可以在贴片时方便地对准透照中心。暗袋背面还应贴上铅质"B"标记，以此作为监测背散射线的附件。由于暗袋经常接触工件，极易弄脏，因此，要经常清理暗袋表面，如发现破损，应及时更换。

国外还生产一种真空包装的胶片，可直接用于拍片。真空包装胶片的暗袋由铅箔、黑纸复合而成，暗袋只能一次性使用。由于真空包装，无论胶片是否弯曲，增感屏、暗袋受大气压力作用，始终与胶片密切地贴合。

2）标记带

使每张射线底片与工件部位始终可以对照，在透照过程中应将铅质识别标记和定位标记与被检区域同时透照在底片上。识别标记包括工件编号（或探伤编号）、焊缝编号（纵缝、环缝或封头拼接缝等）、部位编号（或片号）。定位标记包括中心标记"↑"和搭接标"+"（如为抽查，则为检查区段标记）。其他还有拍片日期、板厚，返修、扩探等标记。所有标记都可用透明胶带粘在中间挖空（长宽约等于被检焊缝的长宽）的长条形透明片基或透明塑料上，组成标记带。标记带上同时配置适当型号的透度计。标记带示例如图2-37所示。

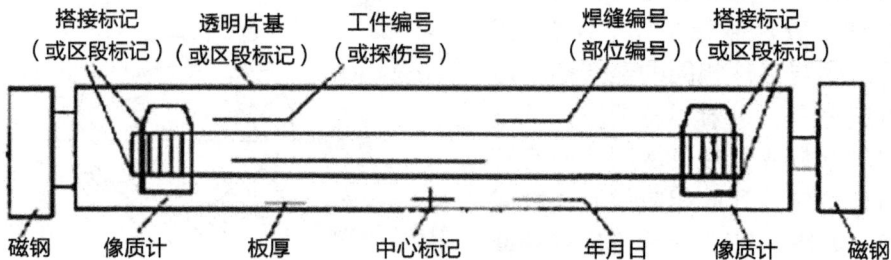

图2-37 标记带示例

可将标记带两端粘上两块磁钢，这样可方便地将标记带贴在工件上。也可利用带磁钢的透度计上的磁钢将标记带贴在工件上。对于一些要经常更换的标记（如片号、日期）的部位，如果粘贴一些塑料插口，使用起来更方便。在制作标记带时，应使透度计粘贴在标记带的反面而不要将透度计贴在标记带正面，这样可使透度计较紧密地贴合在工件表面上，以免影响灵敏度显示。所有标记应摆放整齐，其在底片上的影像不得相互重叠，并离被检焊缝边缘5mm以上。

3）屏蔽铅板

为屏蔽后方散射线，应制作一些与胶片暗袋尺寸相仿的屏蔽板。屏蔽板由1mm厚的铅板制成。贴片时，将屏蔽铅板紧贴暗袋，以屏蔽后方散射线。

4）中心指示器

射线机窗口应装设中心指示器。中心指示器上装有约6mm厚的铅光阑，可有效地遮挡非检测区的射线，以减少前方散射线；还装有可以拉伸、收缩的对焦杆，在对焦时，可将拉杆拨向前方，透照时则拨向侧面。利用中心指示器可方便地指示射线方向，使射线束中心对准透照中心。

5）其他小器件

射线照相辅助器材很多。除上述用品、设备、器材之外。为方便工作。还应备齐一些小器件，如卷尺、钢印、榔头、照明灯、电筒、各种尺寸的铅遮板、补偿泥、贴片磁钢、透明胶带、各式铅字、盛放铅字的字盘、划线尺、石笔、记号笔等。

第3章 射线照相质量的影响因素

评价射线照相影像质量最重要的指标是射线照相灵敏度。所谓射线照相灵敏度，从定量方面来说，是指在射线底片上可以观察到的最小缺陷尺寸或最小细节尺寸，从定性方面来说，是指发现和识别细小影像的难易程度。

灵敏度有绝对与相对之分，在射线照相底片上所能发现的沿射线穿透方向上的最小缺陷尺寸称为绝对灵敏度。此最小缺陷尺寸与射线透照厚度的百分比称为相对灵敏度。

显然，用自然缺陷尺寸来评价射线照相灵敏度是不现实的。为便于定量评价射线照相灵敏度，常用与被检工件或焊缝的厚度有一定百分比关系的人工结构，如金属丝、孔、槽等组成所谓透度计，又称为像质计，作为底片影像质量的监测工具，由此得到灵敏度称为像质计灵敏度。需要注意的是，底片上显示的像质计最小金属丝直径、或孔径、或槽深，并不等于工件中所能发现的最小缺陷尺寸，即像质计灵敏度并不等于自然缺陷灵敏度。但像质计灵敏度提高，表示底片像质水平也相应提高，因而也能间接地说明射线照相对最小自然缺陷检出能力的提高。

对裂纹之类方向性很强的面积型缺陷，即使底片上显示的像质计灵敏度很高，黑度、清晰度符合标准要求，有时也有难于检出甚至完全不能检出的情况。面积型缺陷，其检出灵敏度与像质计灵敏度存在着较大差异。造成这种差异的影响因素很多，例如，焦点尺寸等几何因素的影响，射线透照方向与缺陷平面有一定的夹角而造成透照厚度差减小的影响等。要提高此类缺陷的检出率，就必须很好考虑透照方向及其他有助于提高缺陷检出灵敏度的工艺措施。

射线照相灵敏度是射线照相对比度(缺陷影像与其周围背景的黑度差)、不清晰度(影像轮廓边缘黑度过渡区的宽度)和颗粒度(影像黑度的不均匀程度)3大要素的综合结果，而此3大要素又分别受到不同工艺因素的影响。3大要素的定义图示如图3-1所示。

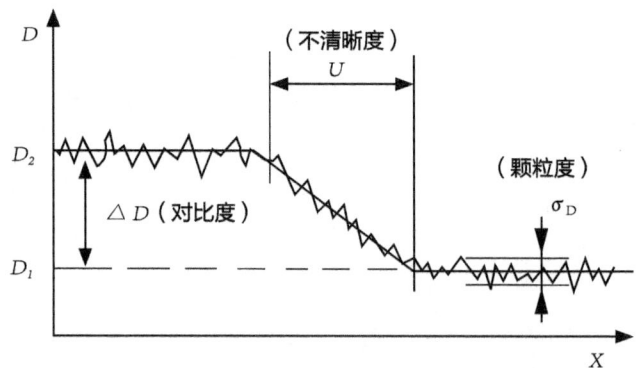

图3-1 射线照相影像对比度，不清晰度和颗粒度的概念示意
（以厚度差为的阶边影像为例）

第4章 射线检测工艺

4.1 透照工艺条件的选择

射线透照工艺是指为达到一定要求而对射线透照过程规定的方法、程序、技术参数和技术措施等，也泛指详细说明上述方法、程序、参数和措施的书面文件。其内容包括设备器材条件、透照几何条件、工艺参数条件和工艺措施条件等。一般地说，射线透照工艺规定的核心内容包括下列主要方面：

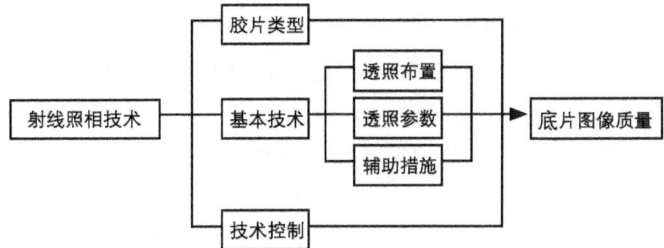

图4-1 射线照相检验技术规定的基本线索

（1）射线照相技术选用的射线胶片系统；

（2）射线照相的透照参数，主要是射线能量、透照焦距、曝光量；

（3）射线照相的透照布置，主要是透照方式、透照方向、一次透照区；

（4）射线照相的辅助措施，如增感和各种控制散射线的措施；

（5）射线照片影像质量，主要是底片黑度和射线照相灵敏度。

本节讨论一些主要的工艺条件对射线照相质量的影响及应用选择原则。

4.1.1 射线源和能量的选择

（1）射线源的选择

1）穿透力

选择射线源的首要因素是射线源所发出的射线对被检试件具有足够的穿透力。

对X射线来说，穿透力取决于管电压。管电压越高则射线的质越硬，在试件中的衰减系数越小，穿透厚度越大。如表4-1所示为目前常用X射线设备的穿透力数据。

表4-1 典型工业X射线探伤设备可透检的最大厚度

射线能量	高灵敏度法可透最大厚度（mm）	低灵敏度法可透最大厚度（mm）
100kVX射线	10	25
150kVX射线	15	50
200kVX射线	25	75
300kVX射线	40	90
400kVX射线	75	110
1MVX射线	125	160
2MVX射线	200	250
8MVX射线	300	350
30MVX射线	325	450

对于γ射线来说，穿透力取决于放射源种类，如表4-2所示给出了常用γ射线源适用的透照厚度范围，由于放射性同位素发出的射线能量不可改变，而用高能X射线透照薄工件时会出现灵敏度下降的情况，因此，表中的透照厚度不仅规定了上限，而且规定了下限。

表4-2 常用γ射线源可透检的钢厚度范围

源种类	高灵敏度法（mm）	低灵敏度法（mm）
Ir192	20~80	6~100
Cs137	30~100	20~120
Co160	50~150	30~200

注：表中"高灵敏度法"一栏表示用微粒胶片+金属箔增感屏；"低灵敏度法"一栏表示用快速胶片+荧光增感屏

2）灵敏度差异

选择射线源时，还必须注意X射线和γ射线的照相灵敏度差异。由有关理论可知，对比度、不清晰度和颗粒度是左右射线照相影像质量的3大基本参数。实验表明，在40mm以下的钢厚度，用Ir192透照所得射线底片的对比度不如X射线底片。以25mm钢厚度为例，前者的对比度大约比后者要低40%，对比度自然影响到像质计灵敏度。但对40mm以上钢厚度，则两者的像质计灵敏度值大致相同。

另一方面，Ir192的固有不清晰度比400kV的X射线还大，分别是100kV、200kv、300kV、350kvx射线D的3.4倍、1.8倍、1.4倍、1.3倍。此外，还有颗粒性，即噪声问题。由于Ir192有效能量较高，由此引起的底片噪声也会明显增大，从而干扰射线照相底片上小缺陷，尤其小裂纹的影像显示。因此，如果就小缺陷检出灵敏度来比较γ射线与X射线，则两者的差距更明显。

3）射线检测设备的特点

除了穿透力和灵敏度外，两类设备的其他不同特点也是需要考虑的因素。

1）X射线机的特点

①体积较大，按便携式、移动式、固定式依次增大。

②基本费用和维修费用均较大。

③能检查40mm以上钢厚度的大型X射线机成本很高，其发展倾向为移动式而非便携式。

④X射线能量可改变，因此，对各种厚度的试件均可使用最适宜的能量。

⑤X射线机可用开关切断，故较易实施射线防护。

⑥曝光时间一般为几分钟。

⑦所有X射线机均需电源，有些还需有水源。

2）γ射线源的特点

①射源曝光头尺寸小，可用于X射线机管头无法接近的现场。

②不需电源或水源。

③运行费用低。

④曝光时间长，通常需几十分钟，甚至几小时。

⑤对薄钢试件（如5mm以下），只有选择合适的放射性同位素（如Yb169，Tm170）才能获得较高的探伤灵敏度。

综合上述各个因素，可列举出一些选择射线源的原则。

①对轻质合金和低密度材料，国内使用Yb169，Tm170射线源很少，最常用的射线源实际上是X射线。

②同样要透照厚度小于5mm的钢（铁素体钢或高合金钢），除非允许较低的探伤灵敏度，也要选用X射线。

③如要对大批量的工件实施射线照相，还是用X射线为好，因为曝光时间较短。

④对厚度大于150mm的钢，即使用最大的γ射源，曝光时间也是很长的，如工件批量大，宜用兆伏级高能X射线。

⑤对厚度为50～150mm的钢，如果使用正确的方法，用X射线和γ射线可得到几乎相同的像质计灵敏度，但裂纹检出率还是有差异的。

⑥对厚度为5～50mm的钢，用X射线总可获得较高的灵敏度，γ射线源的选用则应根据具体厚度和所要求的探伤灵敏度，选择Ir192或Se75，并应考虑配合适当的胶片类别。

⑦对某些条件困难的现场透照工作，体积庞大的X射线机使用不方便可能成为主要问题。

⑧只要与容器直径有关的焦距能满足几何不清晰度要求，环形焊缝的透照应尽量选用圆锥靶周向X射线机作内透中心法垂直全周向曝光，以提高工效和影像质量。对直径较小的锅炉联箱管或其他管道焊缝，也可选用小焦点（0.5mm）的棒阳极X射线管或小焦点（0.5～1.5mm）γ射线源作360°周向曝光。

⑨选用平面靶周向X射线机对环焊缝作内透中心法倾斜全周向曝光时，必须考虑射线倾斜角度对焊缝中纵向面状缺陷的检出影响。

4）X射线能量的选择

X射线机的管电压可以根据需要调节，因此，用X射线对试件透照、射线能量有多种选择。

选择X射线能量的首要条件应是具有足够的穿透力。随着管电压的升高，X射线的平均波长变短，有效能量增大，线质变硬，在物质中的衰减系数变小，穿透能力增强。如果选择的射线能量过低，穿透力不够，结果是到达胶片的透射射线强度过小，造成底片黑度不足、灰雾增大、曝光时间过分延长，以至无法操作等一系列现象。

但是，过高的射线能量对射线照相灵敏度有不利影响，随着管电压的升高，衰减系数也减小，对比度降低，固有不清晰度增大，底片颗粒度也将增大，其结果是射线照相灵敏度下降。因此，从灵敏度角度考虑X射线能量的选择的原则是：在保证穿透力的前提下，选择能量较低的X射线。

选择能量较低的射线可以获得较高的对比度，但较高的对比度却较高意味着较小的透照厚度宽容度，很小的透照厚度差将产生很大的底片黑度差，使得底片黑度值超出允许范围；或是厚度大的部位底片黑度太小，或是厚度小的部位底片黑度太大。因此，在有透照厚度差的情况下，选择射线能量还必须考虑能够得到合适的透照厚度宽容度。

在底片黑度不变的前提下，提高管电压便可以缩短曝光时间，从而可以提高工作效率，但其代价是灵敏度降低。为保证透照质量，标准对透照不同厚度允许使用的最高管电压都有一定限制，并要求有适当的曝光量。如图4-2所示为一些材料的透照厚度所对应的允许使用的最高管电压。

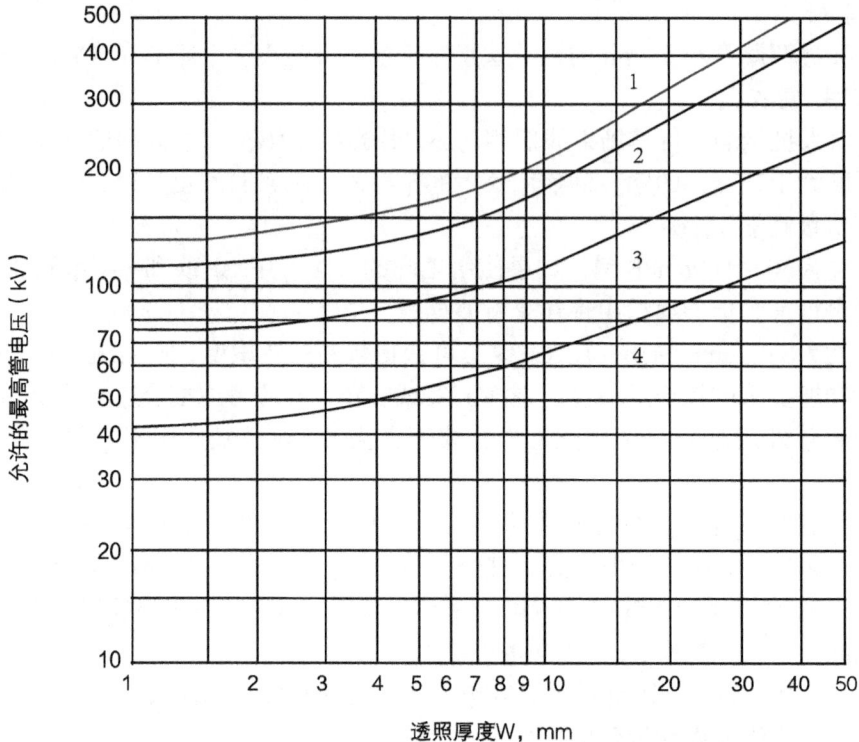

图4-2 不同透照厚度允许的X射线最高透照管电压

1—铜及铜合金；2—钢；3—钛及钛合金；4—铝及铝合金

4.1.2 焦距的选择

选择焦距的一般规则

焦距对射线照相灵敏度的影响主要表现在几何不清晰度上。焦距与几何不清晰度Ug的计算关系如下：

$$Ug=d_f b/（F-b）\tag{2-11}$$

从此式可以推导使用焦距最小值的公式：

$$F_{min} =b（1+d_f /Ug）\tag{2-12}$$

式中：F_{min} —— 焦距最小值；d_f —— 射线源焦点尺寸；b —— 工件至胶片的距离；Ug —— 几何不清晰度。

由上计算式可知，焦距F越大，几何不清晰度Ug之越小，底片上的影像越清晰。另外，选择较小焦点尺寸df，可以得到与增大焦距F相同的效果，因此在实际透照中选择焦距时，焦点尺寸是同时考虑的相关因素。

为保证射线照相的清晰度，标准对透照距离的最小值有限制。我国NB/T47013标准中，规定透照距离f与焦点尺寸df和透照厚度b应满足以下关系：

A级射线检测技术：$f \geq 7.5df \cdot b^{2/3}$

AB级射线检测技术：$f \geq 10df \cdot b^{2/3}$

B级射线检测技术：$f \geq 15df \cdot b^{2/3}$

由于焦距F=f+b，故上述关系也就限制了F的最小值。

实际工作中，焦距的最小值通过如下诺模图查出：

诺模图的使用方法如下:在d_f线和b线上分别找到焦点尺寸和透照厚度对应的点，用直线连接这两个点，直线与f的交点即为透照距离f的最小值f_{min}，而焦距最小值即为$F_{min}=f_{min}+b$。

【例】 采用AB级技术照相，焦点尺寸d_f=2mm，透照厚度b=30mm，则由由诺模图中可查得f=193mm，故F_{min}=193+30=223mm

实际透照时一般并不采用最小焦距值，所用的焦距比最小焦距要大得多。这是因为透照场的大小与焦距相关。焦距增大后，匀强透照场范围增大，这样可以得到较大的有效透照长度，同时影像清晰度也进一步提高.

焦距的选择有时还与试件的几何形状以及透照方式有关。例如，为得到较大的一次透照长度和较小的横向裂纹检出角，在采用双壁单影法透照环缝时，往往选择较小的焦距;而当采用中心内照法时，焦距就是筒体的外半径。另外，增大焦点至胶片距离，虽然有利于提高射线照相的照相质量。但根据平方反比定律，需要增加曝光时间。所以焦距不能无限增大。

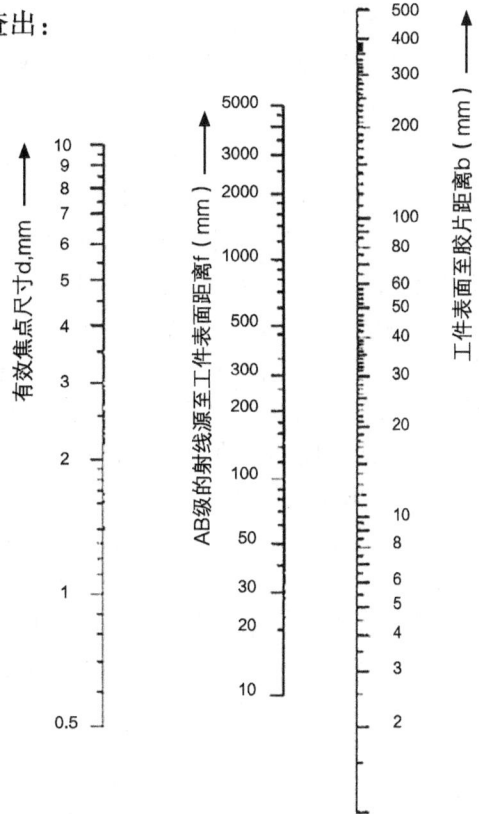

图4-3 AB级射线检测技术确定焦点至工件表面距离的诺模图

4.1.3 曝光量的选择和修正

（1）曝光量的推荐值

曝光量可定义为射线源发出的射线强度与照射时间的乘积。对于X射线来说，曝光量是指管电流与照射时间t的乘积（E=it）；对于γ射线来说，曝光量是指放射源活度A与照射时间t的乘积（E=At）。

曝光量是射线透照工艺中的一项重要参数。射线照相影像的黑度取决于胶片感光乳剂吸收的射线量。在透照时，如果固定各项透照条件(试件尺寸、源、试件、胶片的相对位置、胶片和增感屏、给定的放射源或管电压)，则底片黑度与曝光量有很好的对应关系，因此，可以通过改变曝光量来控制底片黑度。

曝光量不只影响影像的黑度，也影响影像的对比度、颗粒度以及信噪比，从而影响底片上可记录的最小细节尺寸。为保证射线照相质量，曝光量应不小于某一最小值。X射线照相，当焦距为700mm时，曝光量的推荐只为：A级和AB级射线检测技术不小于15mA·min；B级射线检测技术不小于20mA·min。当焦距改变时可按平方反比定律对曝光量的推荐值进行换算。采用γ射线源透照时，总的曝光时间应不少于输送源往返所需时间的10倍。采用Co60γ射线源透照时，曝光时间不应超过12h；采用Ir192γ射线源透照时，曝光时间不应超过8h，且不得采用多个射线源捆绑方式进行透照。

（2）互易律、平方反比定律和曝光因子

1）互易律

互易律是光化学反应的一条基本定律，它指出，决定光化学反应产生物质量的条件，只与总的曝光量相关，即取决于辐射强度和时间的乘积，而与这两个因素的单独作用无关。如果不考虑光解银对感光乳剂显影的引发作用的差异，互易律可引申为底片黑度只与总的曝光量相关，而与辐射强度和时间分别作用无关。

在射线照相中，当采用铅箔增感或无增感的条件时，遵守互易定律。设产生一定显影黑度的曝光量E=It，当射线强度I和时间t相应变化时，只要两者乘积E值不变，底片黑度不变。而当采用荧光增感条件时，不遵守互易定律，如果I和t发生变化，尽管I与t的乘积不变。底片的黑度仍会改变，这种现象称为互易律失效。

2）平方反比定律

平方反比定律是物理光学的一条基本定律。它指出，从一点源发出的辐射，强度I与距离F的平方成反比，即存在以下关系：$I_1/I_2=(F_1/F_2)^2$。其原理是：在点源的照射方向上任意立体角内取任意垂直截面，单位时间内通过的光量子总数是不变的，但由于截面积与到点源的距离平方成正比，所以单位面积的光量子密度，即辐射强度与距离平方成反比，如图4-4所示。

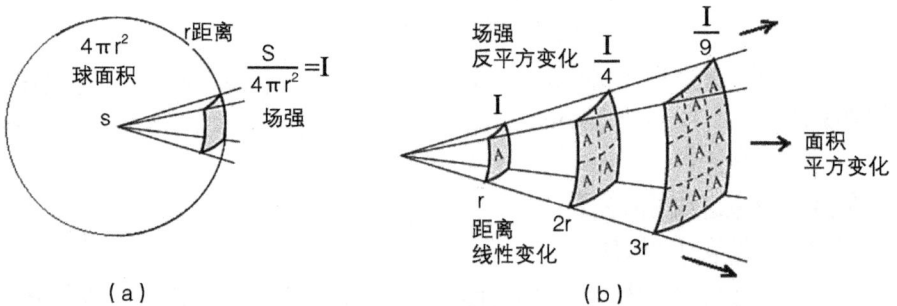

图4-4 平方反比定律示意图

3）曝光因子

互易律给出了在底片黑度不变的前提下，射线强度与曝光时间相互变化的关系；平方反比定律给出了射线强度与距离之间的变化关系。将以上两个定律结合起来，可以得到曝光因子的表达式。

已知X射线管的辐射强度为：

$$It = K_i Z_i V^2 \qquad (2-13)$$

在给定X射线管，给定管电压的条件下，Ki、Zi和V成为常数，上式可改写为：

$$It = K_i Z_i V^2 = \varepsilon i \qquad (2-14)$$

式中 $\varepsilon = K_i Z V^2$，为常数。

即射线强度I仅与管电流i成正比。引入平方反比定律，则辐射场中任意一点处的强度为：

$$I = \varepsilon i/F^2 \qquad (2-15)$$

由互易律可知，欲保持底片黑度不变，只需满足：

$$E = It = I_1 t_1 = I_2 t_2 = I_3 t_3 = I_4 t_4 = \cdots \qquad (2-16)$$

综上可得X射线照相曝光因子 Ψ_x：

令 $\varepsilon i t/F^2 = \psi$（$\psi$ 为常数），则 $it/F^2 = \psi/\varepsilon$，令 $\Psi = \psi/\varepsilon$（Ψ 为常数）

则有X射线的曝光因子：

$$\Psi = it/F^2 = i_1 t_1/F_1^2 = i_2 t_2/F_2^2 = i_3 t_3/F_3^2 \cdots\cdots = i_n t_n/F_n^2 \qquad (2-17)$$

同理可推导出 γ 源的曝光因子：

$$\Psi = At/F^2 = A_1 t_1/F_1^2 = A_2 t_2/F_2^2 = A_3 t_3/F_3^2 \cdots\cdots = A_n t_n/F_n^2 \qquad (2-18)$$

曝光因子清楚地表达了射线强度、曝光时间和焦距之间的关系，通过曝光因子公式可以方便地确定上述3个参量中的1个或2个发生改变时，如何修正其他参量。

（3）利用曝光因子的曝光量修正计算

利用曝光因子对射线强度、曝光时间或焦距的修正计算可见以下2例。

【例1】　用某一X射线机透照某一试件，原透照管电压为200kV，管电流为5mA，曝光时间为4min，焦距为600mm，现透照时管电压不变，而将焦距变为900mm，，如欲保持底片黑度不变，问如何选择管电流和时间？

解：已知 $i_1=5mA$，$t_1=4min$，$F_1=600mm$，$F_2=900mm$，求 i_2 与 t_2.

由式2-17X射线曝光因子计算式可知：$i_1 t_1/F_1^2 = i_2 t_2/F_2^2$

得：$i_2 t_2 = (i_1 t_1/F_1^2)F_2^2 = 5 \times 4 \times 900^2/600^2 = 45$（mA·min）

答：第二次透照的曝光量应为45mA·min，可选择管电流5mA，曝光时间9min。

【例2】　用某Ir192射线源透照直径1m的环焊缝，曝光时间为24min，得到的底片黑度恰好满足要求，60天后仍用该了射线源透照同样厚度的直径为1.2m的环焊缝，问曝光时间应为多少？

解：已知 $t_1=24min$，$F_1=500mm$，$F_2=600mm$，求 t_2.

Ir半衰期为75天，则60天前后，源放射强度之比为：

$A_2/A_1 = (1/2)^n$，$n=60/75=0.8$

$A_2/A_1 = (1/2)^{0.8} = 0.574$

由式2-18：$A_1 t_1/F_1^2 = A_2 t_2/F_2^2$

得 $t_2 = (A_1/A_2)(F_2/F_1)^2 t_1 = (1/0.574) \times (600/900)^2 \times 24 = 60.2$（min）

答：曝光时间应为60.2min。

（4）利用胶片特性曲线的曝光量修正计算

利用胶片特性曲线可进行一些其他类型的曝光量修正计算，现介绍如下：

1）底片黑度改变的曝光量修正

在其他条件保持一定的情况下，如需改变底片黑度，可根据胶片特性曲线上黑度的变化与曝光量的对应关系，对原曝光量进行修正。

【例3】 所用胶片（特性曲线如图4-5）所示，给定曝光量15mA·min，被检区黑度为1.5，现为提高对比度，欲将黑度提高到2.5，求所需曝光量。

解:由特性曲线查知黑度变化时的曝光量修正系数

$$\Psi = E_{2.5}/E_{1.5} = 10^{2.28-2.08} \approx 10^{0.2}$$

故获得黑度为2.5时所需正确的曝光量为

$$E2 = \Psi E1 = 10^{0.2} \times 15 \approx 24 \ (mA \cdot min)$$

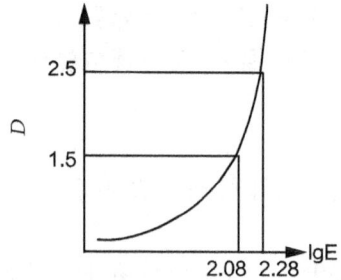

图4-5 底片黑度改变时的曝光量修正

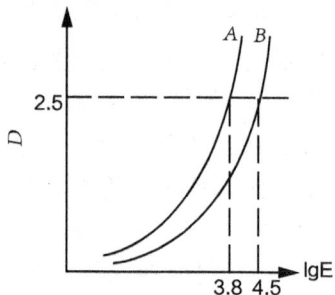

2）胶片类型改变的曝光量修正

当使用不同类型胶片进行透照而需达到与原胶片一样的黑度时，可利用这两种胶片的特性曲线按达到同一黑度时的曝光量之比来修正原曝光量。

【例4】 透照某工件，原用胶片1，曝光量为12mA·min,所得底片黑度为2.5。现改用胶片2，求获得相同黑度时所需曝光量（假定所用胶片特性曲线如图4-6所示）。

解：当黑度同为2.5时，Ⅴ性胶片与Ⅲ型胶片的曝光量之比

$$\Psi = E_V/E_{\text{Ⅲ}} = 10^{4.5-3.8} = 10^{0.7}$$

故用Ⅴ型胶片时，达到D=2.5的曝光量

$$E_V = E_{\text{Ⅲ}} \Psi = 12 \times 10^{0.7} = 60 \ (mA \cdot min)$$

答：所需曝光量为60mA·min。

图4-6 胶片类型改变的曝光量修正

4.2 透照方式的选择和一次透照长度的计算

4.2.1 透照方式的选择

对接焊缝射线照相的常用透照方式（布置）主要如图4-7所示。这些透照方式分别适用于不同的场合，其中单壁透照是最常用的透照方法，双壁透照一般用在射源或胶片无法进入内部的小直径容器和管道的焊缝透照，双壁双影法一般只用于直径在100mm以下的管子的环焊缝透照，双壁双影直透法则多用于T（壁厚）>8mm或g（焊缝宽度）>D_04的管子环焊缝透照。

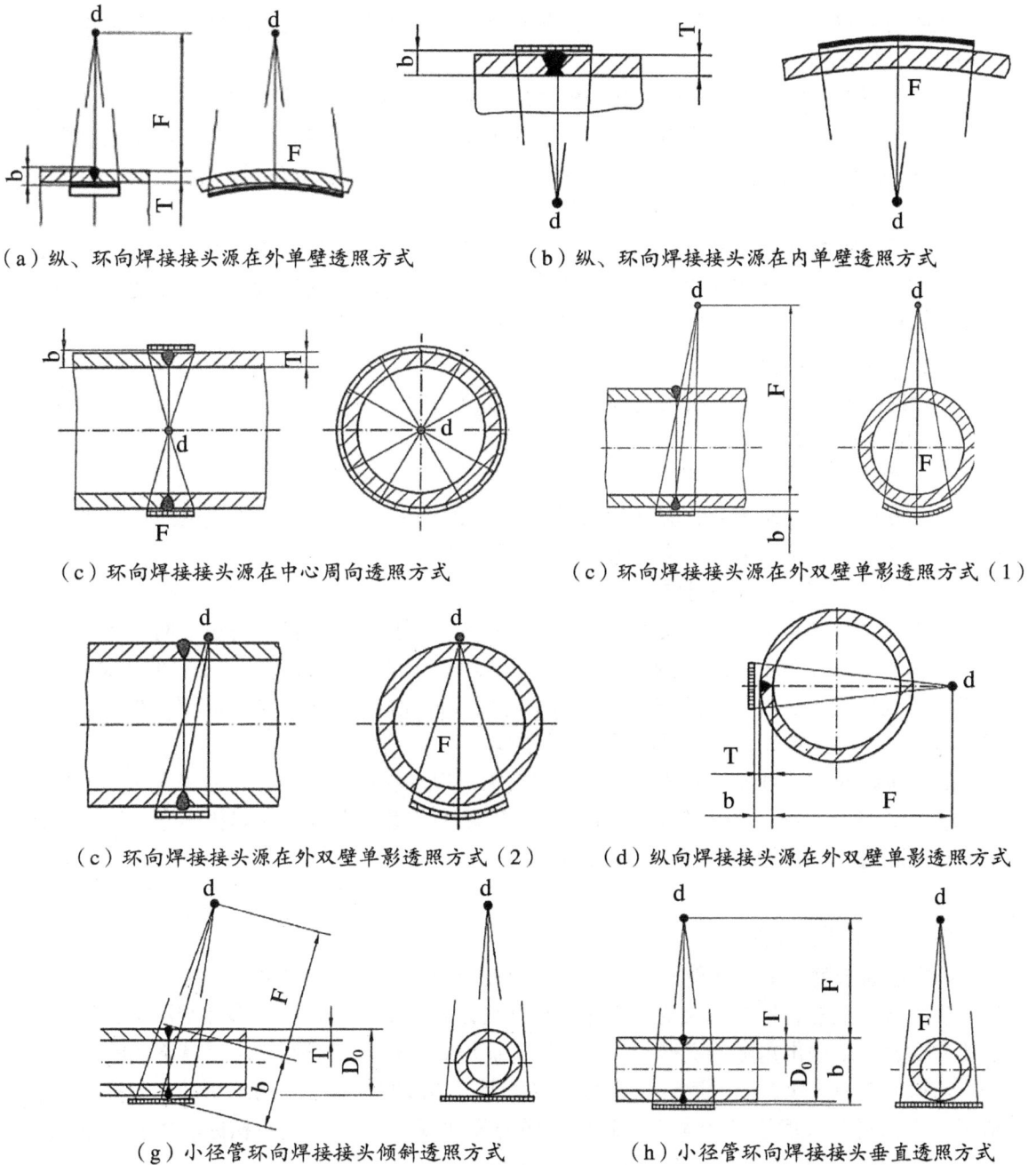

（a）纵、环向焊接接头源在外单壁透照方式　　　　（b）纵、环向焊接接头源在内单壁透照方式

（c）环向焊接接头源在中心周向透照方式　　　　（c）环向焊接接头源在外双壁单影透照方式（1）

（c）环向焊接接头源在外双壁单影透照方式（2）　　　（d）纵向焊接接头源在外双壁单影透照方式

（g）小径管环向焊接接头倾斜透照方式　　　　（h）小径管环向焊接接头垂直透照方式

图4-7

　　上图给出的是常用的对接焊缝典型透照方式示意图，可供透照布置时参考。图中d表示射线源有效焦点尺寸，F表示焦距，b表示工件至胶片距离，f表示射线源至工件距离，T表示公称厚度，D_0表示管子外径。

　　选择透照方式时，应综合考虑各方面的因素，权衡择优，有关因素包括：

　　（1）透照灵敏度

　　在透照灵敏度存在明显差异的情况下，应选择有利于提高灵敏度的透照方式。例如，单壁透照的灵敏度明显高于双壁透照，在两种方式都能使用的情况下无疑应选择前者。

（2）缺陷检出特点

有些透照方式特别适合于检出某些种类的缺陷，可根据检出缺陷的要求的实际情况选择。例如，源在外的透照方式与源在内的透照方式相比，前者对容器内壁表面裂纹有更高的检出率;双壁透照的直透法比斜透法更容易检出未焊透或根部未熔合缺陷。

（3）透照厚度差和横向裂纹检出角

较小的透照厚度和横向裂纹检出角有利于提高底片质量和裂纹检出率。环缝透照时，在焦距和一次透照长度相同的情况下，源在内透照法比源在外透照法具有更小的透照厚度差和横裂检出角，从这一点看，前者比后者优越。

（4）一次透照长度

各种透照方式的一次透照长度各不相同，选择一次透照长度较大的透照方式可以提高检测速度和工作效率。

（5）操作方便性

一般说来，对容器透照，源在外的操作更方便一些。而球罐的X射线透照，上半球位置源在外透照较方便，下半球位置源在内透照较方便。

（6）试件及探伤设备的具体情况

透照方式的选择还与试件及探伤设备情况有关。例如，当试件直径过小时，源在内透照可能不能满足几何不清晰度的要求，因而不得不采用源在外的透照方式。使用移动式X射线机只能采用源在外的透照方式。使用γ射线源或周向X射线机时，选择源在内中心透照法对环焊缝周向曝光，更能发挥设备的优点。

值得强调的是，对环焊缝的各种透照方式中，以源在内中心透照周向曝光法为最佳，该方法透照厚度均一，横裂检出角为0°，底片黑度灵敏度俱佳，缺陷检出率高，且一次透照整条环缝，工作效率高，应尽可能选用。

4.2.2 一次透照长度

一次透照长度，即焊缝射线照相一次透照的有效检验长度，对照相质量和工作效率同时产生影响。显然，选择较大的一次透照长度可以提高效率，但在大多数情况下，透照厚度比和横向裂纹检出角随一次透照长度的增加而增大，这对射线照相质量是不利的。

实际工作中一次透照长度选取受两个方面因素的限制，一个是射线源的有效照射场的范围，一次透照长度不可能大于有效照射场的尺寸;另一个是射线照相标准的有关透照厚度比K值的规定间接限制了一次透照长度的大小。

NB/T47013标准对K值的规定如表4-3所示：

表4-3 允许的透照厚度比K

射线检测技术级别	A级；AB级	B级
纵向焊接接头	K≤1.03	K≤1.01
环向焊接接头	K≤1.1*	K≤1.06

对100mm＜D_0≤400mm的环向焊接接头（包括曲率相同的曲面焊接接头），A级、AB级允许采用K≤1.2

4.3 曝光曲线的制作及应用

在实际工作中。通常应根据工件的材质与厚度来选取射线能量、曝光量以及焦距等工艺参数,上述参数一般是通过查曝光曲线来确定的。曝光曲线是表示工件(材质、厚度)与工艺规范(管电压、管电流、曝光时间、焦距、暗室处理条件等)之间相关性的曲线图示。但通常只选择工件厚度、管电压和曝光量作为可变参数,其他条件必须相对固定。

曝光曲线必须通过试验制作,且每台X射线机的曝光曲线各不相同,不能通用。因为即使管电压、管电流相同,如果不是同一台X射线机,其线质和照射率是不同的。原因有以下几点:

(1)加在X射线管两端的电压波形不同(半波整流、全波整流、倍压整流及直流恒压等),会影响管内电子飞向阳极的速度和数量;

(2)X射线管本身的结构、材质不同,会影响射线从窗口出射时的固有吸收;

(3)管电压和管电流的测定有误差。

此外,即使是同一台X射线机,随着使用时间的增加,管子的灯丝和靶也可能老化,从而引起射线照射率的变化。

因此,每台X射线机都应有曝光曲线,作为日常透照控制线质和照射率,即控制能量和曝光量的依据,并且在实际使用中还要根据具体情况作适当修正。

4.3.1 曝光曲线的构成和使用条件

(1)曝光曲线的构成

横坐标表示工件的厚度,纵坐标用对数刻度表示曝光量,管电压为变化参数,所构成曲线则称为曝光量-厚度(E-T)曲线;若纵坐标表示管电压、曝光量为变化参数的曲线则称为管电压-厚度(Kv-T)曝光曲线。如图4-8、4-9所示分别为一般形式的X射线曝光曲线图和一种实用的γ射线曝光曲线图。

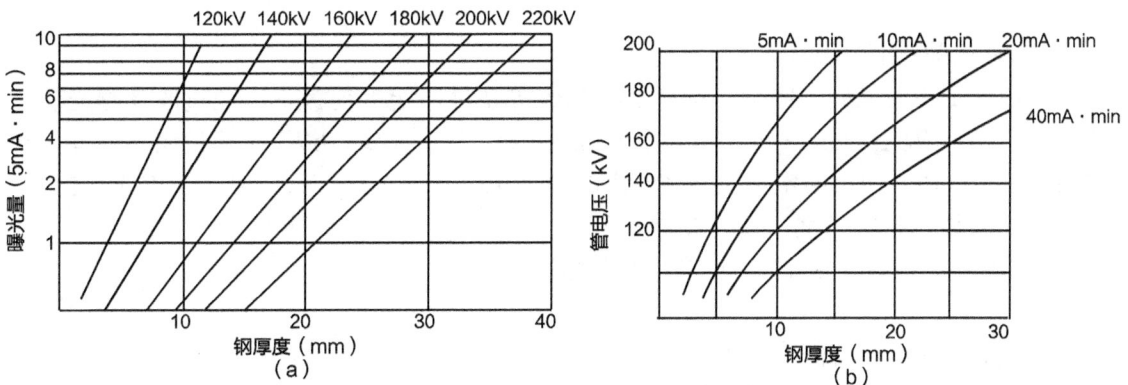

(a) 曝光量—厚度曲线　　(b) 管电压—厚度曲线

图4-8 X射线曝光曲线

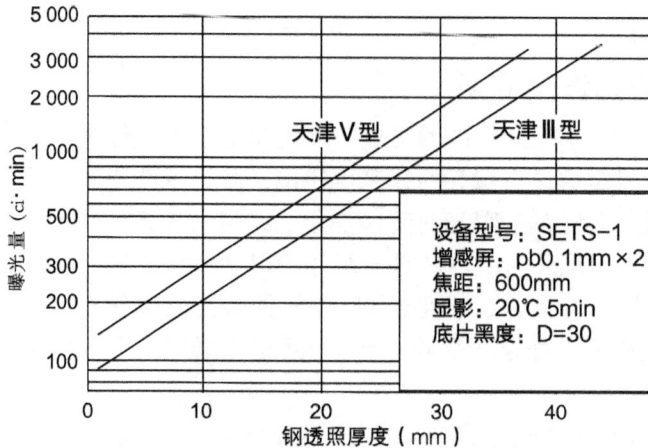

图4-9 Se75γ射线曝光曲线图

（2）曝光曲线的使用条件

任何曝光曲线只适用于一组特定的条件，这些条件包括：

（1）所使用的X射线机（相关条件：高压发生线路及施加波形、射源焦点尺寸及固有滤波）；

（2）一定的焦距（常取600～800mm）；

（3）一定的胶片类型；

（4）一定的增感方式（屏型及前后屏厚度）；

（5）所使用的冲洗条件（显影配方、温度、时间）；

（6）基准黑度（通常取3.0）。

上述条件必须在曝光曲线图上予以注明。

当实际拍片所使用的条件与制作曝光曲线的条件不一致时，必须对曝光量做相应修正；这类曝光曲线一般只适用于透照厚度均匀的平板工件，而对厚度变化较大的工件如形状复杂的铸件等，只能作为参考。

4.3.2 曝光曲线的制作

曝光曲线是在机型、胶片、增感屏、焦距等条件一定的前提下，通过改变曝光参数（固定"kV",改变"mA·min"或固定"mA·min"，改变"kV"）透照由不同厚度组成的钢阶梯试块，根据给定冲洗条件洗出的底片所达到的某一基准黑度（如为3.0或2.0），来求得"kV" "mA·min"和T三者之间关系的曲线。

所使用的阶梯块面积不可太小，其最小尺寸应为阶梯厚度的5倍，否则散射线将明显不同于均匀厚度平板中的情况。另外，阶梯块的尺寸应明显大于胶片尺寸，否则要作适当遮边（如图4-10所示）

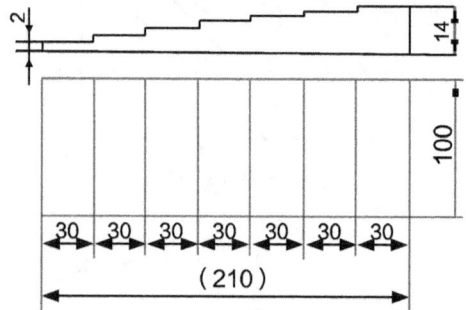

4-10 制作曝光曲线的阶梯试块

按有关透照结果绘制D-T、E-T曝光曲线的过程如下：

（1）绘制D-T曲线

采用较小曝光量、不同管电压拍摄阶梯试块，获得第一组底片。再采用较大曝光量、不同管电压拍摄阶梯试块，获得第二组底片，用黑度计测定获得透照厚度与对应黑度的两组数据，绘制出D-T曲线图（如图4-11所示）。

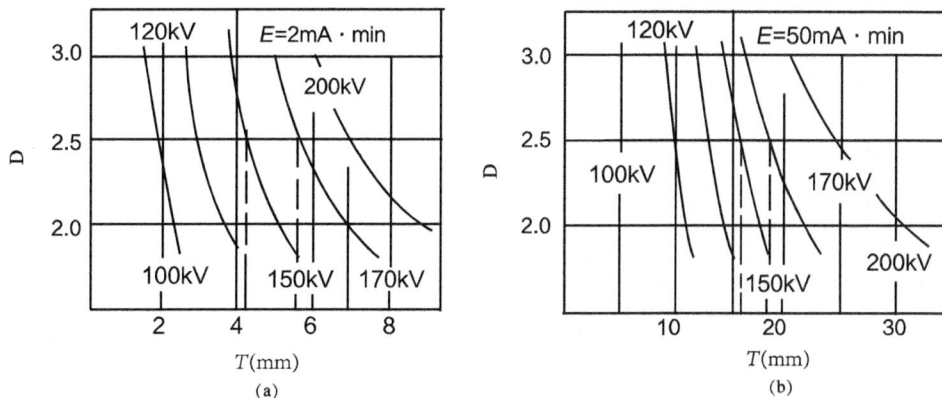

（a）小曝光量D—T曲线　（b）大曝光量D—T曲线

4-11　制作曝光曲线的D—T曲线

（2）绘制E-T曲线

选定一基准黑度值，从两张D-T曲线图中分别查出某一管电压下对应于该黑度的透照厚度值。在E-T图上标出这两点，并以直线连接即得该管电压的曝光曲线（如图4-12所示）。

4.3.3　曝光曲线的使用

从E-T曝光曲线上求取透照给定厚度所需要的曝光量，一般都采用所谓"一点法"，即按射线束中心穿透厚度确定与某一"kV"相对应的E。但需注意，对有余高的焊接接头照相，

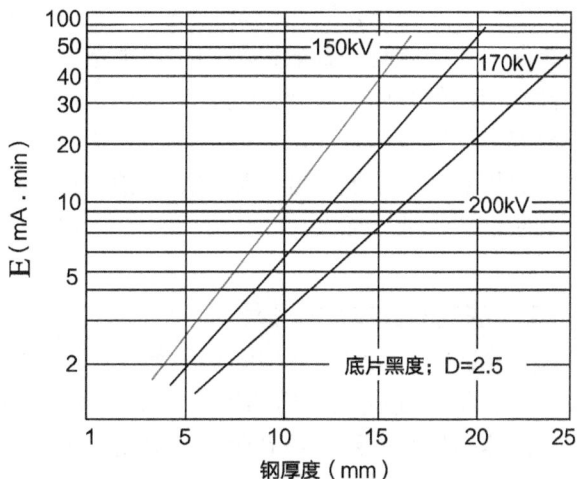

图4-12 E—T曲线

射线穿透厚度有2个值，例如，透照母材厚度12mm的双面焊接接头，母材部位穿透厚度为12mm，焊缝部位穿透厚度为16mm，应该用哪个数值去查表呢？这时需要注意标准允许黑度范围与曝光曲线基准黑度的关系，NB/T47013标准规定AB级允许黑度范围2.0～4.0，如果曝光曲线基准黑度为3.0或更高，则以母材部位12mm为透照厚度查表为宜，这样能保证焊缝部位黑度不太低；如果曝光曲线基准黑度为2.5或更低，则以焊缝部位16mm为透照厚度查表为宜，这样能保证母材部位黑度不太高。

以12mm为透照厚度查下图所示的曝光曲线，可得到三组曝光参数：150kV，

18mA·min；170 kV，10mA·min；200kV，5mA·min。具体选择哪一组参数，则应根据工件厚度是否均匀，宽容度是否满足，以及照相灵敏度、工作时间、效率等因素，选择高能量小曝光量的组合，或低能量大曝光量的组合。

4.4 散射线的控制

4.4.1 散射线的来源和分类

在第1章中曾经提及，射线在穿透物质过程中与物质相互作用会产生吸收和散射，其中散射主要是由康普顿效应造成的。与一次射线相比，散射线的能量减小，波长变长，运动方向改变。散射比，定义为散射线强度Is与一次射线强度Ip之比，即n=Is/Ip。

产生散射线的物体称作散射源，在射线透照时，凡是被射线照射到的物体，例如，试件、暗盒、桌面、墙壁、地面，甚至连空气都会成为散射源。其中最大的散射源是试件本身（如图4-13所示）。

按散射的方向对散射线分类，可将来自暗盒正面的散射称为"前散射"，将来自暗盒背面的散射称为"背散射"，还有一种散射称为"边蚀散射"，是指试件周围的射线向试件背后的胶片散射，或试件中的较薄部位的射线向较厚部位散射。这种散射会导致影像边界模糊，产生低黑度区域的周边被侵蚀，面积缩小的所谓"边蚀"现象。

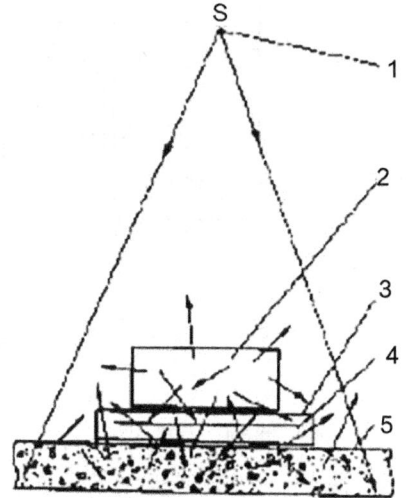

1—射线源　2—工件　3—暗盒
4—胶片　5—地面

图4-13 散射线产生示意图

4.4.2 散射比的影响因素

实验证明，在实际使用的焦距范围内，焦距的变化对散射比几乎没有影响；当照射场较小时，散射比随照射场的增大而增大，当照射场再增大，散射比也基本保持不变。因此，除非用极小的照射场透照，照射场大小对散射比几乎没有影响。

平板试件透照的散射比，在工业射线照相应用范围内，散射比随射线能量增大而变小，而在相同射线能量下，散射比随钢厚度增大而增大。

对有余高的焊缝试板透照时，焊缝中心部位的散射比与平板试件的散射比明显不同，焊缝中心散射比高于同厚度平板中的散射比，随着能量的增大，两者数值逐渐接近。

4.4.3 散射线的控制因素

散射线会使射线底片的灰雾黑度增大，影像对比度降低。对射线照相质量是有害的。但由于受射线照射的一切物体都是散射源，所以实际上散射是无法消除的，只能尽量设法减少而已。控制散射线的措施有许多种，其中有些措施对照相质量产生多方面的影响，对这些措施要综合考虑，权衡选择。这些措施包括：

（1）选择合适的射线能量

对厚度差较大的工件，例如，余高较高的焊缝或小径管透照时，散射比随射线能量的增大而减小，因此，可以通过提高射线能量的方法来减少散射线。但射线能量值只能适当提高，以免对主因对比度和固有不清晰度产生明显不利的影响。

（2）使用铅箔增感屏

铅箔增感屏除了具有增感作用外，还具有吸收低能散射线的作用，使用增感屏是减少散射线最方便、最经济，也是最常用的方法。选择较厚的铅箔减少散射线的效果较好，但会使增感效率降低，因此，铅箔厚度也不能过大。实际使用的铅箔厚度与射线能量有关，且后屏的厚度一般大于前屏。

还有一些措施是专门用来控制散射线的（如图4-14所示），应根据经济、方便、有效的原则加以选用，这些措施包括：

① 背防护铅板，在暗盒背后近距离内如有金属或非金属材料物体，例如，钢平台、木头桌面、水泥地面等，会产生较强的背散射，此时可

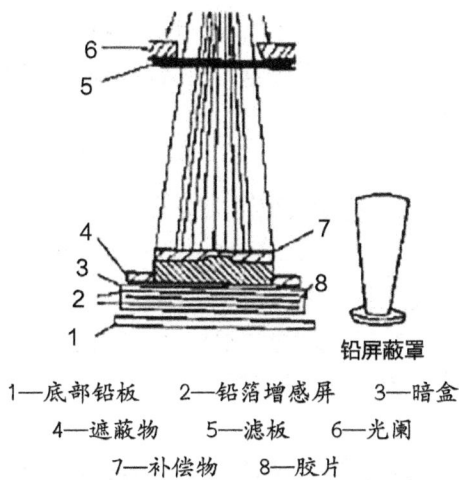

铅屏蔽罩

1—底部铅板　　2—铅箔增感屏　　3—暗盒
4—遮蔽物　　5—滤板　　6—光阑
7—补偿物　　8—胶片

图4-14　散射线的控制措施

在暗盒后面加一块铅板以屏蔽背散射射线。使用背防护铅板的同时仍需使用铅箔增感后屏，否则背防护铅板被射线照射时激发的二次射线有可能到达胶片，对照相质量产生不利影响。

当暗盒背后近距离内没有导致强烈散射的物体时，可以不使用背防护铅板。

② 铅罩和光阑，使用铅罩和铅光阑可以减小照射场范围，从而在一定程度上减少散射线。

③ 厚度补偿物，在对厚度差较大的工件透照时，可采用厚度补偿措施来减少散射线。焊缝照相可使用厚度补偿块，形状不规则的小零件照相可使用流质吸收剂(醋酸铅加硝酸铅溶液)，或金属粉末(铅粉、铁粉或铅粉)作为厚度补偿物。

④ 滤板，滤板有两种使用方法：一种是在X射线机窗口处加滤板，另一种是在工件和胶片暗盒之间加滤板。

在对厚度差较大的工件透照时，可以在X射线机窗口处加滤板，将X射线束中波长较长的软射线吸收掉，使透过射线波长均匀化，加的滤板为用黄铜、铅或钢制作的金属薄板。滤板厚度可通过试验或计算确定，过厚的滤板会对射线产生吸收作用而不是过滤作用，从而影响照相质量。透照钢试件时，铜滤板的厚度应不大于试件最大厚度的20%，铅滤板的厚度应不大于试件最大厚度的3%，钢滤板的厚度应小于吸收曲线上的"均匀点"对应的厚度，所谓均匀点是指吸收曲线由曲开始变直的那一点，吸收曲线变为直线即意味

着射线束的波长已经"均匀化",吸收系数不再随穿透厚度而变化。

在工件和胶片暗盒之间加滤板通常用于Ir192和Co60γ射线射线照相或高能X射线照相,作用是过滤工件中产生的低能散射线,尤其当存在边蚀散射时,加滤板的作用更明显。按透照厚度的不同,可选择0.5~2mm厚的铅箔作为滤板。

⑤ 遮蔽物,当被透照的试件小于胶片时,应使用遮蔽物对直接处于射线照射的那部分胶片进行遮蔽,以减少边蚀散射。遮蔽物一般用铅制作,其形状和大小视被透照试件的情况确定,也可使用钢铁和一些特殊材料(例如钡泥)制作遮蔽物。

⑥ 修磨试件,通过修整打磨的方法减小工件厚度差也可以视为减少散射线的一项措施,例如,检查重要的焊缝时将焊缝余高磨平后透照,可明显减小散射比,获得更佳的照相质量。

4.5 焊缝透照工艺

射线照相应用最多的对象是焊接接头的缺陷检测,所以本节主要讨论对接焊缝检测的射线照相工艺。

本节所述的"常规"工艺是指适用于一般的钢制承压设备对接焊缝检测的射线照相工艺。被检试件的材质、形状、结构、尺寸不具有特殊性,不需要在工艺中考虑特殊的针对性措施。

工艺的内容应符合有关法规、标准及有关设计文件和管理制度的要求。工艺条件和参数的选择首先考虑的当然是检测工作质量,即缺陷检出率、照相灵敏度和底片质量,但检测速度、工作效率和检测成本也是必须考虑的重要因素。

4.5.1 焊缝透照工艺的分类和一般内容

射线检测工艺文件包括工艺规程和操作指导书。

(1)工艺规程

检测机构应根据相关法规、产品标准、有关的技术文件和相关标准的要求,并针对本检测机构的特点和技术条件编制工艺规程;工艺规程应按相关标准的要求明确其相关因素的具体范围或要求,如相关因素的变化超出规定时,应重新编制或修订。

无损检测工艺规程应函盖本单位(制造、安装或检测单位)产品或检测对象的范围,其规定应明确,具有可操作性,其内容应全面和详细,具有可选择性。无损检测工艺规程应符合相关法规、规范标准和本单位的技术质量管理规定。本单位无损检测工作和所实施的技术工艺均应符合通用工艺规程要求。

(2)操作指导书

检测机构应根据工艺规程并结合检测对象的具体检测要求编制操作指导书;操作指导书中的内容应完整、明确和具体。

操作指导书至少应包括的内容有:

①编制依据;

②适用范围:被检测工件的类型(形状、结构等)、尺寸范围(厚度及其他几何尺

寸）、所用材料的种类；

③检测设备器材：射线源（种类、型号，焦点尺寸）、胶片（牌号及其分类等级）、增感屏（类型、数量和厚度）、像质计（种类和型号）、滤光板、背散射屏蔽铅板、标记、胶片暗室处理和观察设备等；

④检测技术与工艺：采用的检测技术等级、透照技术（单或双胶片），透照方式（源——工件——胶片相对位置）、射线源、胶片、曝光参数、像质计的类型、摆放位置和数量，标记符号类型和放置、布片原则等；

⑤胶片暗室处理方法和条件要求；

⑥底片观察技术（双片叠加或单片观察评定）；

⑦底片质量要求：几何不清晰度、黑度、像质计灵敏度、标记等；

⑧验收标准；

⑨操作指导书的验证要求。

首次使用的操作指导书应进行工艺验证，以验证底片质量是否能达到标准规定的要求。验证可通过专门的透照试验进行，或以产品的第一批底片作为验证依据。在这两种情况下，作为依据的验证底片应做出标识。

4.5.2　焊缝透照基本操作

透照操作应严格遵守工艺规定，操作程序、内容及有关要求简述如下：

（1）试件检查及清理

试件上如有妨碍射线穿透或妨碍贴片的附加物，如设备附件、保温材料等，应尽可能去除。试件表面质量应经外观检查合格，如表面不规则状态可能在底片上产生掩盖焊缝中缺陷的图像时，应对表面进行打磨修整。

（2）划线

按照工艺文件规定的检查部位、比例、一次透照长度，在工件上划线。采用单壁透照时，需要在试件两侧（射线侧和胶片侧）同时划线，并要求两侧所划的线段应尽可能对准。采用双壁单影透照时，只需在试件一侧（胶片侧）划线。

（3）像质计和标记摆放

按照标准和工艺的有关规定摆放像质计和各种铅字标记。

线型像质计一般应放置在焊接接头的一端（在被检区长度的1/4左右位置），金属线应横跨焊缝，细金属线置于外侧;阶梯孔型像质计一般应放置于被检区中心部位的焊接接头热影响区以外，在不可能实现的情况下，至少应放置于熔敷金属区域以外。当一张胶片上同时透照多条焊接接头时，像质计应放置在透照区最边缘的焊缝处。

像质计放置还应满足以下规定：

①单壁透照规定像质计放置在射线源侧。双壁单影透照规定像质计放置在胶片侧。双壁双影透照像质计可放置在射线源侧，也可放置在胶片侧；

②单壁透照中，如果像质计无法放置在射线源侧，允许放置在胶片侧（球罐全景曝光除外）；

③单壁透照中像质计放置在胶片侧时，应进行对比试验。对比试验方法是在射线源侧和胶片侧各放一个像质计，用与工件相同的条件透照，测定出像质计放置在射线源侧和胶片侧的灵敏度差异，以此修正像质计灵敏度的规定，以保证实际透照的底片灵敏度符合要求；

④当像质计放置在胶片侧时，应在像质计上适当位置放置铅字"F"作为标记，F标记的影像应与像质计的标记同时出现在底片上，且应在检测报告中注明；

⑤当采用源在内（F=R）的周向曝光技术时，只需在圆周上等间隔地放置3个像质计即可。

各种铅字标记应齐全，至少应包括：中心标记、搭接标记、工件编号、焊缝编号、部位编号。返修透照时，应加返修标记R。对余高磨平的焊缝透照，应加指示焊缝位置的圆点或箭头标记。

各种标记的摆放位置应距焊缝边缘至少5mm。其中搭接标记的位置：在双壁单影或源在内F＞r的透照方式时，应放在胶片侧，其余透照方式应放在射源侧。

（4）贴片

采用可靠的方法（磁铁、绳带等）将胶片（暗盒）固定在被检位置上，胶片（暗盒）应与工件表面紧密贴合，尽量不留间隙。

（5）对焦

将射线源安放在适当位置，使射线束中心对准被检区中心，并使焦距符合工艺规定。

（6）散射线防护

按照工艺的有关规定执行散射线防护措施。

（7）曝光

以上各步骤完成后，并确定现场人员放射防护安全符合要求，方可按照工艺规定的参数和仪器操作规则进行曝光。

曝光完成即为整个透照过程结束，曝光后的胶片应及时进行暗室处理。

第 5 章　暗室处理

暗室处理是射线照相检验的一道重要工序，被射线曝光的带有潜影的胶片经过暗室处理后变为带有可见影像的底片。底片质量好坏与暗室工作的技术水平以及操作正确与否密切相关。作为射线检测人员，应熟练掌握暗室操作技术以及有关知识。

5.1　暗室基本知识

5.1.1　暗室布置

（1）暗室应有足够的空间，不宜过小、过窄。

（2）暗室应分为干区和湿区两部分。其中干区用于摆放胶片、暗盒、增感屏等器材并用来进行切片、装片等工作。而湿区用来进行显影、定影、水洗、干燥等工作。干区和湿区应尽可能相距远一些。

（3）各种设备器材摆放位置应适当，以利于工作，例如，冲洗胶片的设备的摆放次序应与操作次序一致。

（4）暗室要完全遮光，进口处应设置过渡间和双重门，以保证出入不漏光，为减少人员出入次数，应设置传递口，用于传送胶片和底片。

（5）如暗室附近有射线源，要注意屏蔽问题。

（6）暗室应有通风换气设备和排水系统，应有控制温度和湿度的设施。

（7）暗室地面和工作台应保持干燥、清洁，墙壁、工作台应有防水和防化学腐蚀的能力。

5.1.2　暗室设备器材使用

暗室常用的设备器材包括安全灯、温度计、天平、洗片槽、烘片箱等，有的还配有自动洗片机。

洗片机等设备的使用有专门的操作规程，其他设备使用时应注意以下几点：

（1）安全灯用于胶片冲洗过程中的照明

不同种类胶片具有不同的感光波长范围，此特性称为感色性。工业射线胶片对可见光的蓝色部分最敏感，而对红色或橙色部分不敏感，因此，用于射线胶片处理的安全灯采用暗红色或暗橙色。为保证使用安全，对新购置的安全灯应进行测试，对长期使用的安全灯也应作定期测试。测试方法为：在工作位置放置胶片，上盖黑纸，打开安全灯，每隔数分钟移动一下黑纸，使胶片不同部位在安全灯下经受不同时间的曝光，然后进行标准显影处理,将曝光部分与未曝光部分比较,以黑度不明显增大为安全,据此可确定安全灯的性能以及允许工作时间和工作距离。

(2)温度计用于配液和显影操作时测量药液温度

可使用量程大于50℃,刻度为1℃或0.5℃的酒精玻璃温度计,也可使用半导体温度计。

(3)天平用于配液时称量药品

可采用称量精度为0.1g的托盘天平。天平使用后应及时清洁,以防腐蚀造成称量失准。

(4)洗片槽用于胶片的处理

胶片手工处理可分为盘式和槽式两种方式。由于盘式处理易产生伪缺陷,所以目前多采用槽式处理。洗片槽用不锈钢或塑料制成,其深度应超过底片长度20%以上,使用时应将药液装满槽,并随时用盖将槽盖好,以减少药液氧化。槽应定期清洗,保持清洁。

5.1.3 药液配置注意事项

(1)配液的容器应使用玻璃、搪瓷或塑料制品,也可使用不锈钢制品,搅拌棒也应用上述材料制作,切忌使用铜、铁、铝制品,因为铜、铁等金属离子对显影剂的氧化有催化作用。

(2)配液用水可使用蒸馏水、去离子水、煮沸后冷却水或自来水,对井水或河水应进行再制,以降低硬度,提高纯度。

(3)配制显影液的水温一般在30~50℃,水温太高会促使某些药品氧化,太低又会使某些药品不易溶解。配制定影液的水温可升至60~70℃,因为硫代硫酸钠溶解时会大量吸热。

(4)配液时应按配方中规定的次序进行,待前一种药品溶解后方可投入下一种药品,切不可随意颠倒次序。在显影液配制中,因米吐尔不能溶于亚硫酸钠溶液故最先加入,其余显影剂都应在亚硫酸钠之后加入。在配制定影液时,亚硫酸钠必须在加酸之前溶解,以防硫代硫酸钠分解;硫酸铝钾必须在加酸之后溶解,以防水解产生氢氧化铝沉淀。

(5)配液时应不停地搅拌,以加速溶解,但显影液的搅拌不宜过于激烈,且应朝着一个方向进行,以免发生显影剂氧化现象。

(6)配液时宜先取总容积3/4的水量,待全部药品溶解后再加水至所要求的容积,配好的药液应静置24h后再使用。

5.1.4 胶片处理程序和操作要点

胶片手工处理过程可分为显影、停显、定影、水洗和干燥五个步骤,各个步骤的标准操条件如表5-1所示:

表5-1 胶片处理的标准条件和操作要点

步骤	温度C°	时间min	药液	操作要点
显影	20±2	4~6	显影液(标准配方)	预先水浸湿,适当搅动
停显	16~24	0.5~1	停显液	充分搅动
定影	16~24	5~15	定影液	适当搅动
水洗	—	20~30	水	流动水漂洗
干燥	≤40	—	—	去除表面水滴后干燥

有关步骤与说明如下：

（1）拆片

先将曝光后装有胶片的暗袋表面擦拭干净，关闭暗室门窗和照明灯，开启安全红灯并调节至适当亮度，防止划伤和折损胶片。等待几分钟完成暗适应。拆开暗袋，从增感屏中取出胶片装入洗片夹中。整个过程动作要轻柔。

（2）预浸湿

胶片放入显影液之前，应在清水槽中预浸一下，使胶片表面润湿，避免进入显影液后胶片表面附有气泡造成显影不均匀。

（3）显影

显影就是通过化学还原反应把胶片上的"潜影"显现出来的过程。显影温度对底片质量影响很大，必须严格控制。显影时正确的搅动方法：在最初30s内不间断地搅动，以后每隔30s搅动一次。

（4）停显

从显影液中取出胶片后，显影作用并不立刻停止，胶片乳剂层中残留的显影液还在继续显影，此时将胶片直接放入定影液中，除了容易产生不均匀的条纹和两色现象（胶片在反射光下呈蓝绿色，在透射光下呈粉红色）外，还会把胶片上残留的显影液带进定影液中，污染定影液，缩短定影液的寿命。因此，显影之后必须进行停显处理，然后再进行定影。

将显影结束的胶片放入停显槽中停显，停显阶段应不间断地充分搅动。停显时间控制在0.5～1min。也可用水作为停显液，但要注意在水中停显的时间应适当延长。

（5）定影

定影就是把显影过程形成的影像固定下来的过程。将停显结束的胶片放入定影液槽中进行定影，在定影最初的1min，应不断搅拌，使定影液与胶片充分接触，定影液温度控制在16～24℃以内。定影总的时间为"通透时间"的2倍，所谓"通透时间"是指胶片放入定影液开始到胶片乳剂的乳白色消失为止的时间。定影通透的时间与定影的老化程度有关，新定影液定影所需的通透时间短，随着定影液的使用，药力不断下降，定影所需的通透时间不断加长，为了保证定影质量，一般将总的定影时间控制在15min左右（通透时间一般小于7min），如果15min之内还不能使胶片定影通透，就需更换新的定影液。

（6）水洗

水洗的目的是将胶片表面和乳剂膜内吸附的硫代硫酸钠和银盐混合物清除掉。水洗不充分的底片，在长期保存过程中，影像质量会下降，因此必须进行充分的水洗。流动水的冲洗时间一般控制在20～30min。水温保持在16～24℃为宜。

将定影结束的底片放入水洗槽中进行水洗，水洗槽中的水最好是流动水以保证水洗充分。同样要避免划伤胶片。应适当控制水温，水温高时虽然水洗效果较好，但胶片容易发生"药膜脱落"和划伤；水温低时水洗效果不好，就需要延长水洗时间。

手工冲洗和自动冲洗胶片宜在曝光后8h内完成，最长不得超过24h。

可用下述方法鉴别水洗效果：用蒸馏水配制1%浓度的硝酸银溶液，取一张刚水洗完的底片擦去表面的水，用滴管将配制的硝酸银溶液滴一滴到底片比较透明处，静置1min左右后，用试纸吸去所滴溶液，然后观察该处的颜色：

颜色无变化——水洗充分；

颜色呈现微黄——不洗不充分；

颜色呈现棕黄——水洗不足，应重水洗。

水洗质量又称"存档质量"，水洗良好的底片保存10年不会发生变色。

（7）干燥

底片干燥应选择没有灰尘的地方进行，因为湿底片极易吸附空气中的尘埃。热风干燥能缩短干燥时间，但如温度过高易产生干燥不均的条纹。水洗后的底片表面附有许多水滴，如不除去会因干燥不均产生水迹，可用湿海绵擦去水滴，或浸入脱水剂溶液，使水从底片表面快速流尽。

5.1.5 胶片处理的药液配方

（1）工业射线胶片常用的显影液配方

米吐尔显影配方

	天津	柯达D196	阿克发	富士
温水50℃	750ml	750ml	750ml	750ml
米吐尔	4g	2.2g	3.5g	4g
无水亚硫酸钠	65g	72g	60g	60g
对苯二酚	10g	8.8g	9g	10g
无水碳酸钠	45ml	48g	40g	53g
溴化钾	5g	4g	3.5g	2.5g
加水至	1 000ml	1 000ml	1 000ml	1 000ml
显影温度	20℃	20℃	18℃	20℃
显影时间	4~8min	5min	5~7min	5min

非尼酮配方显影液

	普通*用显影液	高活性显影液	自动洗片机用显影液
温水（50℃）	750ml	750ml	750ml
无水亚硫酸钠	60ml	100ml	60ml
对苯二酚	11ml	35ml	24ml
菲尼酮	0.275ml	0.6ml	0.75ml
无水碳酸钠	40ml	25ml	—
酮酸钠	—	—	33ml
氢氧化钠	4ml	21ml	19ml
溴化钾	4ml	1ml	10ml
酮—硝基酮并味酮	—	—	0.5ml
酮—2—酮	—	—	0.2ml
苯井三唑	0.1ml	0.5ml	—
E.D.T.A	2ml	2ml	3.5ml
聚乙二醇 200	—	—	0.2ml
明胶聚模计	—	—	17ml
（亚硫酸氢盐化合物）			—
加水至	1l	1l	1l
显影温度	20℃	26.5℃	27.5~32℃
显影时间	4~5min	1.5~2min	7~3min

（2）常用的停显液配方

常用停显液配方

	停显配方	坚膜停显配方
水	750ml	750ml
冰醋酸	20ml	20ml
无水硫酸钠	—	45g
加水至	1000ml	1000ml
停显时间	10~20s	20s

（3）常用的定影液配方

常用定影液配方

	天　津	柯达F5	柯达ATF—6快速定影配方
温水（65℃）	600ml	600ml	600ml
硫代硫酸钠	240g	240g	—
硫代硫酸铵	—	—	200g
无水亚硫酸钠	15g	15g	15g
冰醋酸	15ml	15ml	15.4ml
硼酸	7.5g	7.5g	7.5g
硫酸铝钾	15g	15g	15g
加水至	1000ml	1000ml	1000ml

5.1.6　控制使用单位的胶片处理条件的方法

在新的胶片分类标准中，用"胶片系统"取代"胶片"进行分类，所谓"胶片系统"包括了胶片、增感屏和冲洗条件，将三者一并进行评价。这就牵涉如何控制胶片处理条件的问题。这里"胶片处理条件"包括胶片处理的药液配方、处理程序、工艺参数，以及场地器材条件等。

采用参考值方法控制胶片处理是目前国际国内一致规定的控制胶片处理条件方法：由胶片制造商提供一种"预先曝光胶片侧试片"，用户以本单位的处理设备、化学处理剂和方法冲洗测试片，测出灰雾限值D_0、速度系数Sx、对比度系数Cx，与胶片制造商提供的胶片产品鉴定证书进行比较，据此检测胶片处理条件和方法是否符合要求,并实施控制。

5.2　暗室处理技术

5.2.1　显影

显影在整个胶片处理过程中具有重要意义，与影像质量关系最为密切。即是同一种胶片，如果使用不同的显影配方和操作条件，所表现的感光性能也不一样。底片的主要指标（黑度、对比度、颗粒度、清晰度）会受到显影的影响。

（1）显影液的成分

一般显影液的主要成分是：显影剂、保护剂、促进剂和抑制剂。此外有时还会加入一些其物质比如坚膜剂和水质净化剂等。

（1）显影剂

显影剂呈碱性，pH值大约在6～11之间。显影剂的作用是将胶片乳剂层中已感光的溴化银还原成金属银，也就是说显影过程是一个化学还原反应。显影过程的化学反应可用下式表达：

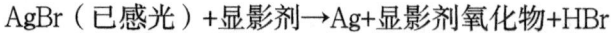

AgBr（已感光）+显影剂→Ag+显影剂氧化物+HBr

可见显影过程是将曝光后在胶片乳剂层中形成的潜影通过显影液的作用转化为可见的影像。其本质是一个氧化还原过程，显影剂起着还原作用，它将银离子（Ag+）还原成黑色的金属银。也就是说，"潜影"是由感光的溴化银组成，未感光的溴化银不产生"潜影"。

显影过程可分解为3步说明：首先，因感光而形成潜影的溴化银晶粒吸附显影剂；然后显影剂释放电子，电子转移到溴化银晶粒表面，最后，电子与银的正离子结合将Ag+还原成黑色的金属银，聚集在潜影中心，形成银原子团，溴离子则生成可溶性的溴化物溶于显影液中，而显影剂自身被氧化。

在显影过程中，显影液对已感光的溴化银颗粒和未感光的溴化银颗粒都具有还原作用，但还原的速度差别很大，对感光的溴化银颗粒的还原速度远远高于未感光的溴化银颗粒。只要加以控制，未感光的溴化银颗粒是不会显影的。但是如果显影液的显影能力过强或显影时间太长或显影温度过高，也会使灰雾度增大（未感光的溴化银颗粒被显影产生的黑度实际就是灰雾度）。

不同的显影剂其显影性能也不一样，常用的显影剂有：米吐尔、菲尼酮、对苯二酚。

①米吐尔，米吐尔为白色或灰白色针状结晶或粉末，易溶于水，软性显影剂。不易溶于亚硫酸钠溶液，配制显影液时应在亚硫酸钠之前加入米吐尔。米吐尔显影能力强，约为对苯二酚的20倍，显影速度快，初影时间短，影像较柔和，反差小。pH值范围较宽，在6～10之间。对温度的变化不敏感。

②菲尼酮，另一种软性显影剂，呈白色结晶粉末状，常温下不溶于水，单独使用时其显影能力很弱，反差低，但影像颗粒较细。菲尼酮易溶于碱性溶液，出影速度快。与其他显影剂配合表现出超加合性，与对苯二酚配合使用显影能力极强，且性能稳定，其超加和作用比米吐尔与对苯二酚配合时更好。

③对苯二酚，对苯二酚呈白色或黄色针状结晶，易溶于水和亚硫酸溶液。对苯二酚诱导期长，显影速度慢，初影进间长，尤其是对曝光特别少的部分作用甚微。但是一旦出影，则影像密度迅速增加，影像反差大，被称为硬性显影剂。对苯二酚对温度比较敏感，在10℃以下时几乎无显影能力，但温度过高又会使灰雾增加。对苯二酚在PH值9～11之间的碱性溶液中才有较好的显影能力。此外它对溴化钾很敏感，溴化钾过量会大大抑制对苯二酚的显影能力。

超加和性是指两种显影剂一起使用时产生的一种特殊效应，又称协和效应。当两种显影剂加在同一种溶液中，在其他因素都固定时，这种混合显影液的显影速度表现出4种状态：

第一，加和作用，总显影速度等于两种显影剂分别显影的速度之和。

第二，超加和作用，总显影速度大于两种显影剂分别显影的速度之和。

第三，对抗作用，总的显影速度小于分别显影的速度之和。

第四，加和作用，可能在某一浓度范围出现而在加一种浓度范围表现出对抗作用。

显然，第二种最有意义，这也是常将两种显影剂一起使用的依据所在。

米吐尔——对苯二酚和菲尼酮——对苯二酚是两种最常见的超加和体系组合。菲尼酮和对苯二酚在分别单独使用时，显影活性都很低，便两者混合后，显影速度大大提高。

（2）保护剂

保护剂是阻止显影剂与进入显影液的氧发生作用，使其不被氧化或者说减慢氧化的速度。最常用的保护剂是亚硫酸钠。亚硫酸钠有两种：无水亚硫酸钠（Na_2SO_3），结晶亚硫酸钠（$Na_2SO_3 \cdot 7H_2O$）。常用的是无水亚硫酸钠，如果用结晶亚硫酸钠要进行重量换算。

显影剂在水溶液中，特别是在碱性溶液中很容易氧化，导至失去显影能力，而产生的氧化物又会使溶液变黄，污染乳剂，亚硫酸钠比显影剂有更强的与氧化合的能力，能优先与氧结合，减少显影剂的氧化。亚硫酸钠与显影液的氧化物发生作用，生成可溶的无色的显影剂磺酸盐，延长显影液的使用寿命。因此，保护剂的目的是防止显影剂被氧化。

（3）促进剂

促进剂是用来增强显影剂的显影能力和速度。显影剂的显影能力随溶液的pH值增大而增强。因此，大多数显影液都是碱性溶液。另一方面，在显影过程中，每一个卤化银被还原成一个金属银原子时，就产生一个氢离子，氢的增加会使溶液的pH值降低，为了不使pH值局部降低而减缓显影速度。就必须有足够的氢氧根离子来中和氢离子。常用的促进剂是一些强碱弱酸盐，比如碳酸钠、硼砂；有时也用强碱，比如氢氧化钠。

显影液的pH值在8～11之间，可以通过改促进剂的种类和数量来调节pH值。加入硼砂，pH值8～9.2，软性促进剂；加入碳酸钠，pH值9～11，中性促进剂；加入氢氧化钠，pH值10.5～12，硬性促进剂。显影液pH值低，则显影速度慢，所得影像颗粒较细，反差较小；显影液的PH值高，显影速度快，影像颗粒粗，反差大，灰雾也大。

根据性质和作用，称硼砂为软性促进剂，碳酸钠为中性促进剂,氢氧化钠为硬性促进剂。

碳酸钠有无水碳酸钠（Na_2CO_3）和结晶碳酸钠（$Na_2CO_3 \cdot nH_2O$），常用无水碳酸钠，如果用结晶碳酸钠需进行得量换算。换算方法同前述。硼砂的分子式为$NaB_4O_7 \cdot 10H_2O$。氢氧化钠的分子式为$NaOH$，强碱，使用时应注意安全。

（4）抑制剂

抑制剂主要作用是抑制灰雾。不加抑制剂的显影液对已感光和未感光的溴化银颗粒区别能力小，有形成灰雾的倾向，在显影液中加入抑制剂后，离解出的溴离子会吸附在溴化银颗粒周围，阻滞显影作用，但是对于已感光的溴化银和未感光的溴化银这种阻滞作用的程度有所不同，对未感光溴化银颗粒的阻滞作用远远大于已感光的溴化银颗粒，可使显影灰雾降低。

抑制剂在抑制灰雾的同时也抑制了显影速度,这有利于显影均匀;抑制剂也有调节和控制影像层次和反差的作用。常用的抑制剂是溴化钾(KBr)。

(2)影响显影的因素

影响显影的因素很多,主要有显影液配方、显影时间、显影温度、搅动情况和显影液老化程度。

显影液配方:不同种类的配方和配比,显影能力和速度也不一样,获得的影像对比度、颗粒度、黑度有所不同。

显影时间:显影时间与配方有关,各种配方都有推荐的显影时间,对于手工冲洗,大多为4~6min,延长显影时间,黑度和反差会增加,但颗粒度和灰雾也会增加。显影时间过短,黑度和反差不足。

显影温度:显影温度与配方也有关,各种配方都附有推荐的显影温度,对于手工冲洗,大多规定在20±2℃,温度高,显影能力强,显影速度快,反差增大,颗粒度大,灰雾增加,药膜松软,容易划伤或脱落。

搅动:显影过程中进行搅动,可使乳剂膜表面不断地与新鲜药液接触,使显影速度加快和显影均匀,搅动使感光多的部分显影速度加快,显影作用强于未感光的部分,从而可适当提高反差。如果胶片在显影液中静止不动,会使反应产生的溴化物无法扩散,造成显影不均匀,为保证显影均匀,应不断进行搅动操作,特别是显影开始的最初1min的搅动特别重要。

显影液活性:显影液的活性取决于显影剂的种类和浓度以及显影液的pH值。显影液在使用过程中,显影剂浓度逐渐降低,显影剂氧化物逐渐增加,pH值逐渐降低,显影液中化物离子逐渐增加,导致显影作用减弱,洗性降低,这种现象称为显影液的老化。老化的显影液会使显影速度变慢,显影时间延长,反差减小,灰雾增加。

为了保证显影效果,可在活性减弱的显影液中填加补充液。补充液应具有比显影液更高的pH值,含有更多的显影剂和亚硫酸盐浓度。补充液通常不含溴化物,如果原配方中没有防灰雾剂可以补充。但每次添加的补充液最好不要超过槽中现有显影液总体积的2%~3%。当加入的补充液达到原显影液体积的2倍时,药液必须废弃。

5.2.2 停显

停显液通常为2%~3%的醋酸溶液,其他停显剂有酒石酸、柠檬酸、亚硫酸氢钠等。胶片放入停显液后,残留的碱性显影液被中和,pH值迅速下降至显影停止点,明胶的膨胀也得到控制。

停显时由于酸碱中和,乳剂层中会产生CO_2气泡从表面排出,操作上应不停搅动。在热天或药液温度较高时,药膜极易损伤,可在停显液中入坚膜剂无水硫酸钠。

5.2.3 定影

显影后的胶片,其乳剂层中大约还有70%的卤化银未被还原成金属银,虽然能看到影像，但因看不清缺陷影像而无法对其评定，并且稳定性差，曝光后的胶片感光乳剂经显影后，只有感光过的卤化银还原为银，未感光的卤化银仍留在乳剂内，这部分卤化银见光后仍能被感光而变黑。因此这些卤化银必须从乳剂层中去除，才能将显影形成的影像固定下来，这个过程就是定影。

定影的作用是把胶片上未感光和未受显影剂作用的卤化银溶解掉，只保留已还原的金属银。因此，定影剂要求能溶解卤化银，而不破坏已还原的金属银。

（1）定影液的组分

定影液含有4种组分：定影剂、保护剂、坚膜剂、酸性剂。

（1）定影剂：定影剂是定影液的主要组分，常用的是硫代硫酸铵，又称大苏打、海波。分子式为$Na_2S_2O_3$。有时也用硫代硫酸铵，分子式为（$NH4$）$_2S_2O_3$。后者定影速度更快。

硫代硫酸铵根离子可与银离子$Ag+$反应生成多种形式的络合物并溶于水中，同时卤离子也进入溶液，但并不参加反应，这样卤化银就从乳剂层中去除而溶解在定影液中，但是已还原的金属银并不与其发生化学反应而被固定在片基上。

（2）保护剂

常用的定影液保护剂是无水亚硫酸钠，亚硫酸钠根离子能与氢离子结合抑制硫代硫酸钠的分解。可以看出，亚硫酸钠即是显影液的保护剂，也是定影液的保护剂。

硫代硫酸铵在酸性溶液中易发生分解析出硫而失效，需要使用保护剂来阻止这种现象的发生。

（3）坚膜剂

在定影的过程中，胶片乳剂层吸水膨胀，易造成划伤和药膜脱落。随着定影温度的升高，这样的问题会更加明显，因此，需要在定影液中加入坚膜剂，以防止乳剂层被破坏。坚膜剂的另一个作用是降低胶片的吸水性，更容易干燥。常用的坚膜剂有硫酸铝钾（钾明矾）和硫酸铬钾（钾铬矾），硫酸铬钾的坚膜能力优于硫酸铝钾。

上述两种坚膜剂只适用于酸性定影液，坚膜效果最佳的pH值约为4.3。这样强调的原因是，显影液中也可能使用坚膜剂，但显影液的坚膜剂与定影液的坚膜剂是不能通用的。

（4）酸性剂

为了中和停显阶段未除净的显影液碱性物质，常将定影液配制成酸性溶液，常用醋酸和硼酸作为酸性剂使用。

醋酸（CH3COOH）在常温下呈现白色晶体状，又称冰醋酸。硼酸（H3BO3）为无色的结晶透明晶粒。

定影液的pH值一般控制在4～6之间，若pH值低于4，硫代硫酸铵易发生分解而析出硫，当pH值高于6时，坚膜剂会发生水解形成氢氧化铝沉淀。其中硫酸铝钾比硫酸铬钾更易水解，单纯的硫酸铝钾溶液在pH值升至4.2时即开始水解。硼酸可以抑制水解的发生，定影液中加入硼酸后，可将硫酸铝钾不发生水解的pH值升高到6.5。

（2）影响定影的因素

影响定影的因素有：定影配方种类、定影时间、定影温度、定影液的老化程度以及定影时的搅动。可以看出与影响显影的因素相同。

1）配方：不同的定影液配方决定了定影的速度、所需的定影温度和定影液老化的快慢有所不同。

2）定影时间：定影过程中，胶片乳剂层从不透明变为透明的现象称为"通透"，从胶片放入定影液直到通透的这段时间称为"通透时间"。通透现象说明胶片上未显影的卤化银已被定影液溶解，但要使被溶解的银盐从乳剂层中完全渗出，还需要增加定影时间。通常规定整个定影时间是通透时间的2倍。一般情况下，总的定影时间不超过15min。如采用硫代硫酸氨做定影剂，定影时间将大大缩短。

3）定影温度：定影温度升高，定影速度加快，对定影有利，但温度升高使药膜变软容易造成划伤或药膜脱落。因此，通常将定影的温度规定在16～24℃的范围内。

4）定影液的老化：在定影的过程中，定影剂不断消耗，浓度变小，而银的络合物和卤化物不断增加，使得定影速度越来越慢，定影时间不断增加，这种现象称为定影液的老化。老化的定影液在定影时会生成一些较难溶的银盐络合物滞留在乳剂层中，即使进行长时间水洗也很难去除，这样的底片保存一定时间后，会分解出硫化银，使底片变黄，对底片保存不利。当定影时间长到新液所需时间的2倍时，即认为定影液已失效，需要更换新药。

5）定影时的搅动

搅动可以提高定影速度，并使定影均匀。在定影过程中应作适当搅动，一般每隔2min搅动一次。搅动的方法是上下垂直地提动洗片夹，不可作其他方向的运动以免划伤底片。

5.2.4 水洗和干燥

（1）水洗

胶片在定影后，应在流动的清水中冲洗20～30min，冲洗的目的是将胶片表面和乳剂膜内吸附的硫代硫酸铵以及银盐络合物清除掉。否则银盐混合物会分解产生硫化银，硫代硫酸铵也会缓慢地与空气中的水分和二氧化碳作用，产生硫和硫化氢，最后与金属银作用生成硫化银口硫化银会使射线底片变黄，影像质量下降，为使射线底片具有稳定的质量，能够长期保存，必须进行充分的水洗。

推荐使用的条件是采用16～24℃的流动清水冲洗底片。但由于冲洗用水大多使用自来水，水温往往超出上述范围，当水温较低时，应适当延长水洗时间；当水温较高时，应适当缩短水洗时间，同时应注意保护乳剂膜，避免损伤。

（2）干燥

干燥的目的是去除膨胀的乳剂层中的水分。

为防止干燥后的底片产生水迹，可在水洗后、干燥前进行润湿处理，即把水洗后的湿胶片放入润湿液（质量分数约为0.3%的洗洁精水溶液）中浸润约1min，然后取出，使水从胶片表面流光，再进行干燥。

干燥的方法有自然干燥和烘箱干燥两种。自然干燥是将胶片悬挂起来，在清洁通风的空间晾干。烘箱干燥是把胶片悬挂在烘箱内，用热风烘干，热风温度一般应不超过40℃。

5.3　自动洗片机特点和使用注意事项

自动洗片机采用连续冲洗方式，能自动完成显影、定影、水洗、烘干整个暗室处理过程，它与手工处理胶片相比有以下优点：

速度快——自动洗片机能在8～12min内提供干燥好的可供评定的射线照相底片；

效率高——每小时约可处理360mm×100mm胶片100～200张；

质量好——只要摄片条件正确，通过自动洗片机处理的底片表面光洁、性能稳定、像质好；

劳动强度低——操作者只需将胶片逐张输入自动洗片机即可，对操作者的技术熟练要求不高。

（1）自动洗片机由5大机构组成：送片机构、温度控制机构、干燥机构、补充机构、搅拌装置。

（2）自动洗片机使用的注意事项

①自动洗片机正式投入使用前，除对主机作大量的调整试验外，由于自动洗片机显影的温度和时间是固定的，故对曝光参数要求较为苛刻，必须对所有射线探伤机重新制作曝光曲线，以适应自动洗片机的特点，否则底片的黑度不能达到预期效果。在透照时应严格按照采用自动洗片条件制作的新曝光曲线控制摄片条件，才能得到满意的底片。

②每次使用前要开机预热一段时间，使各项温度均满足自动处理条件，起始时。先输入一张35cm×43cm的清洗片，等它输出后检查无异常时，才能连续输入需冲洗的胶片。清洗片的作用是清除掉暴露在空气中的滚筒上沾染的被空气氧化的显影液和定影液。最好的清洗办法是在自动洗片机工作结束或开始工作前，将送片滚筒取出用清水冲洗。

③清洗片和胶片输入时必须注意与导向边一端成直角送入，并注意不要让暗盒等物的油污、灰尘沾污胶片，尤其要防止异物进入洗片机，防止划伤滚筒。

④普通手工冲洗显影液不能用于自动洗片机，自动洗片机必须使用专门的配方配制的药液。为了适应自动洗片机高温、快速、运动冲洗的工作条件，自动洗片机专用药液具有活性高，防灰雾性能好，坚膜能力强等特点。

第6章 评 片

6.1 评片工作的基本要求

缺陷是否能够通过射线照相而被检出，取决于若干环节。首先，必须使缺陷在底片上留下足以识别的影像，这涉及到照相质量方面的问题；其次，底片上的影像应在适当条件下得以充分显示，以利于评片人员观察和识别，这与观片设备和环境条件有关；第三，评片人员对观察到的影像应能作出正确的分析与判断，这取决于评片人员的知识、经验、技术水平和责任心。

按以上所述，对评片工作的基本要求可归纳为3个方面：底片质量要求、设备环境条件要求和人员条件要求。

6.1.1 底片的质量要求

通常对底片的质量检查包括以下6个项目：

（1）灵敏度检查

射线照相灵敏度是底片影像质量的综合评定指标，合格的底片其射线照相灵敏度必须符合标准的要求。底片的射线照相灵敏度采用底片上像质计的影像的可识别性测定，对底片应达到的射线照相灵敏度没有严格的统一规定，一般是按照采用的射线照相技术级别规定应达到的射线照相灵敏度。NB/T47013对灵敏度的要求有具体规定。

从定量方面而言，射线照相灵敏度是指在射线底片上可以观察到的最小缺陷尺寸或最小细节尺寸；从定性方面而言，射线照相灵敏度是指发现和识别细小影像的难易程度。在射线底片上所能发现的沿射线穿透方向上的最小尺寸，称为绝对灵敏度，此最小尺寸与透照厚度的百分比称为相对灵敏度。用人工槽，金属丝尺寸（像质计）作为影像质量的监测工具而得到的灵敏度又称为像质计灵敏度。

对底片的灵敏度检查的内容包括：底片上可识别的像质计影像、型号、规格、摆放位置、数量，可观察的像质丝径（Z）是否达到标准规定要求等，满足标准规定为合格。

（2）黑度检查

黑度是射线照相底片质量的又一重要指标，为保证底片具有足够的对比度，黑度不能太小，但因受到观片灯亮度的限制，底片黑度又不能过大。各个射线检测标准对底片的黑度范围都有规定。

NB/T47013-2015标准对黑度的规定为：

单胶片透照技术，单底片观察评定，底片评定范围内的黑度D应符合下列规定：

A级：1.5≤D≤4.5；

AB级：2.0≤D≤4.5；

B级：2.3≤D≤4.5。

双胶片透照技术，双底片叠加观察评定，评定范围内的黑度D应符合2.7≤D≤4.5的规定。

用X射线透照小径管或其他截面厚度变化大的工件，单底片观察评定时，AB级最低黑度允许降至1.5;B级最低黑度可降至2.0。

评定区的最大黑度限值允许提高，但观片灯应经过校验，观片灯亮度应保证在底片最高黑度评定范围内的亮度能够满足相关的要求。

需要注意的是：按标准规定，其下限黑度是指底片两端焊缝余高中心位置的黑度，也就是说，是指有效评定区内，最淡处的黑度，其上限黑度是指底片中部(中心处)焊缝两侧热影响区（母材）位置的黑度。只有当有效评定区内各点的黑度均在规定的范围内方为合格。对于不等厚板和焊缝余高过大而引起黑度相差太大的情况，可采用增大能量（管电压）法、多胶片技术法、分段透照等方法进行处理和解决。

（3）标记检查

底片上标记的种类和数量应符合有关标准和工艺规定，标记影像应显示完整、位置正确。常用标记分为识别标记：如产品编号、焊接接头编号、部位编号和透照日期；返修后的返修标记和扩大检测比例的扩大标记；定位标记：如中心定位标记、搭接标记等；上述标记应放置距焊缝边缘不少于5mm。

（4）伪缺陷

因透照操作或暗室操作不当，或由于胶片，增感屏质量不好，在底片上留下的缺陷影像，如划痕、折痕、水迹、静电感光、指纹、霉点、药膜脱落、污染等。上述伪缺陷均会影响评片的正确性，造成漏判和误判，要求在有效评定区内不允许有伪缺陷影像存在。

（5）背散射检查

照相时，暗袋背面应贴附一个"B"铅字标记，评片时若发现在较黑背景上出现"B"字淡景象(浅白色)，则说明背散射较严重，应采取防护措施重新拍片，若未见"B"字，或在较淡背景上出现较黑"B"字，则表示合格。黑"B"字是由于铅字标记本身引起射线散射产生了附加增感，不能作为底片质量判别的依据。

（6）搭接情况检查

双壁单影透照纵焊缝的底片，其搭接标记以外应有附加长度△L(△L=L_2L_3/L_1)，才能保证无漏检区。其他透照方式摄得的底片，如果搭接标记按规定摆放，则底片上只要有搭接标记影像即可保证无漏检区，但如果因某些原因搭接标记未按规定摆放，则底片上搭接标记以外必须有附加长度△L，才能保证完全搭接。

6.1.2 设备环境的条件要求

环境设备条件应能提供底片的最大的细节对比度，使评片人员感到舒适且疲劳度最小，各种干扰应尽量避免，以保证评片人员能聚精会神工作。

（1）环境

观片室应与其他工作岗位隔离，单独布置，室内光线应柔和偏暗，但不必全黑，一般等于或略低于透过底片光的亮度。室内照明应避免直射人眼或在底片上产生反光。观片灯两侧应有适当台面供放置底片及记录。黑度计、直尺等常用仪器和工具应靠近放置，取用方便。

（2）观片灯

观片灯主要性能应符合JB/T7903,应有足够的光强度,能满足评片要求，确保透过黑度为≤2.5的底片后可见光度应为30cd/m²；透过黑度为>2.5的底片后可见光度应为10cd/m²。为能观察黑度为4.0的底片，要求观片灯的最大亮度应>105cd/m²；为能观察黑度为4.5的底片，要求观片灯的最大亮度应>3×105cd/m²。

观片灯亮度必须可调，以便在观察低黑度区域时将光强减小，面在观察高黑度区时将光强调大。

光源的颜色通常应是白色，也允许在橙色或黄绿色之间。偏红或偏紫色则不适合。

观片灯应有足够大的照明区，一般不小于300mm×80mm,照明区过小会使人感到观察不方便，实际使用时采用一系列遮光板改变照明区面积，使其略小于底片尺寸。

观察屏各部分照明应均匀，照射到底片上的光应是散射的，光的散射系数应大于0.7，通常用一块漫反射玻璃来实现这一要求。

观片灯应散热良好，无噪声。

（4）各种工具用品

放大镜：应为2~5倍，最大不超过10倍；有0~2cm长刻度标尺。评片人可借助放大镜对底片上缺陷进行细节辨认和微观定性分析，高倍易产生影像畸变而不采用。

遮光板：观察底片局部区域或细节。

直　尺：最好是透明塑料尺。

手　套：避免评片人手指与底片接触，产生污痕。

文　件：用于记录的各种规范、标准、图表。

评片尺：应有读数准确的刻度，尺中心为"0"刻度，两端刻槽至少应有200 mm，尺上应有10×10、10×20、10×30 mm的评定框线。

6.1.3　人员条件要求

（1）经过系统的专业培训，并通过法定部门考核确认具有承担此项工作的能力与资格者，一般要求具有RT-Ⅱ级资格证书人员担任。

（2）具有一定的评片实际工作和经验。并能经常到现场参加缺陷返修解剖工作，以丰富自己的评片经验和水平。

（3）应具有一定的焊接、材料及热处理等相关专业知识。

（4）应熟悉有关规范、标准，并能正确理解和严格按标准进行评定，具有良好的职业道德、高度的工作责任心。

（5）评片前应充分了解被评定的工件材质、焊接工艺、接头坡口型式，焊接缺陷可能产生的种类及部位及射线透照工艺情况。

（6）具有良好的视力，校正视力不低于1.0，并能读出距离400mm处，高0.5 mm间隔0.5 mm一组的印刷字母。

（7）应具有良好的职业道德，高度的工作责任心。

6.1.4 与评片基本要求相关的知识

（1）人的视觉特性

人在较暗的环境中对黄光最敏感，其次是白色，橙色或黄绿色，而对红光、蓝紫色光都不敏感。人眼难以适应光强不断变化的环境，光强不断变化会使人视觉敏感度下降，人眼极易疲劳。通常情况下，人眼的目视分辨率是，点状为0.25mm，线状为0.025mm。太小要借助放大镜观察。

（2）表观对比度与观片条件

那些对显示缺陷不起作用的所有光线(Ls)，如室内环境光线、底片上缺陷周围的透过光线等，进入眼体，会使人眼辨别影像黑度差的能力下降，这种下降的黑度差值△Da，称为表观对比度。

人眼能分辨的最小黑度差△Dmin，称为识别度或识别灵敏度，在低黑度区，识别度变化不大，在高黑度区，识别度随底片黑度增大而增大。即高黑度底片对细小金属丝观察不利。所以底片黑度过高或过低都有不利于金属丝影像的识别。增大观片灯亮度能增大可识别金属丝影像的黑度范围。环境亮度的增加，使得可识别的黑度范围减小，识别度下降。

6.2 评片基本知识

6.2.1 观片的基本操作

观察底片的操作可分为两个阶段，通览底片和影像细节观察。

（1）通览底片

通览底片的目的是获得焊接接头质量的总体印象，找出需要分析研究的可疑影像。通览底片时必须注意，评定区域不仅仅是焊缝，还包括焊缝两侧的热影响区，对这两部分区域都应仔细观察。由于余高的影响，焊缝和热影响区的黑度差异往往较大，有时需要调节观片灯亮度，在不同的光弧下分别观察。

（2）影像细节观察

影像细节观察是为了做出正确的分析判断。因细节的尺寸和对比度极小，识别和分辨是比较困难的，为尽可能看清细节，常采用下列方法：

（1）调节观片灯亮度，寻找最适合观察的透过光强；

（2）用纸框等物体遮挡住细节部位邻近区域的透过光线，提高表观对比度；

（3）使用放大镜进行观察；

（4）移动底片，不断改变观察距离和角度。

6.2.2 焊接缺陷的危害性及分类

（1）常用的焊接名词术语解释

接头根部：焊件接头彼此最接近的那一部分，如图6-1所示。

根部间隙：焊前，在接头根部之间预留的空隙，如图6-2所示。

钝边：焊件开坡口时，沿焊件厚度方向未开坡口的端面部分，如图6-3。

热影响区：焊接或切割过程中，材料因受热的影响（但未未熔化）而发生的金相组织和机械性能变化的区域，如图6-4所示。

熔合区（熔合线）：焊缝向热影响区过渡的区域，仅在显微镜下可以观察出熔合区大小，通常宏观可见为线状，故称熔合线。如图6-5所示。

焊缝：焊件经焊接后所形成的结合部分。

焊趾：焊缝表面与母材的交界处，称焊趾，焊趾连成的线称焊趾线，如图6-6所示。

余高：超出表面焊趾联接处上面的那部分焊缝金属的高度，如图6-7所示。

焊根：焊缝背面与母材的交界处，如图6-7所示。

纵向焊道：每一次熔敷所形成的一条单道焊缝，如图6-8所示。

横向焊层：多层焊时的每一个分层。每个焊层可由一条或几条并排相搭的焊道组成。如图6-8所示。

单面焊：仅在焊件的一面施焊，完成整条焊缝所进行的焊接，如图6-8所示。

双面焊：在焊件两面施焊，完成整条焊缝所进行的焊接，如图6-9所示。

弧坑：由于断弧或收弧不当，在焊道末端形成的低洼部分，如图6-9所示。

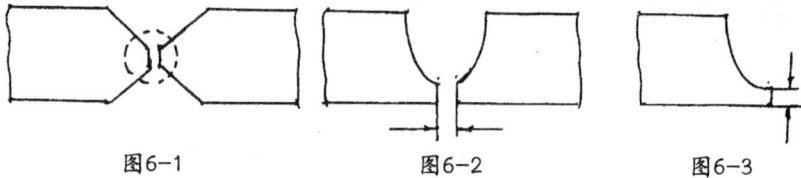

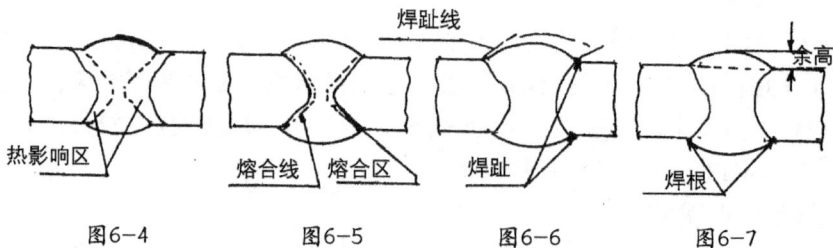

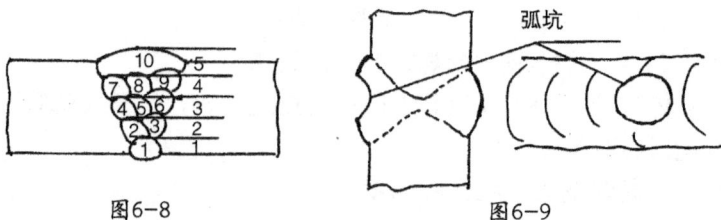

图6-1　　　　　　　图6-2　　　　　　　图6-3

图6-4　　　　　　　图6-5　　　　　　　图6-6　　　　　　　图6-7

图6-8　　　　　　　图6-9

（2）焊接缺陷的危害性

焊接缺陷对承压设备安全的影响主要表现在3个方面：

（1）由于缺陷的存在，减少了焊缝的承载截面积，削弱了拉伸强度。

（2）由于缺陷形成缺口，缺口尖端会发生应力集中和脆化现象，容易产生裂纹并扩展。

（3）缺陷可能穿透筒壁，发生泄漏，影响致密性。

（3）焊接缺陷分类

从宏观上看，可分为裂纹、未熔合、未焊透、夹渣、气孔、及形状缺陷，又称焊缝金属表面缺陷或叫接头的几何尺寸缺陷，如咬边，焊瘤等。在底片上还常见如机械损伤（磨痕），飞溅、腐蚀麻点等其它非焊接缺陷。

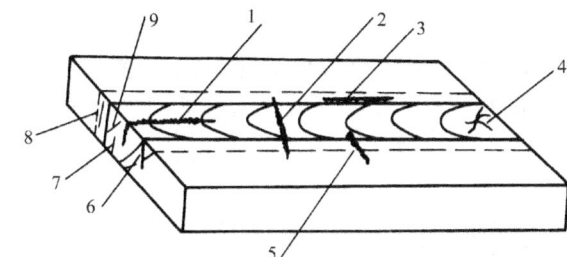

1.焊缝纵向裂纹 2.焊缝横向裂纹 3.热影响区纵向裂纹 4.弧坑裂纹 5.影响区横向裂纹 6.焊趾裂纹 7.焊缝根部裂纹 8.焊道下裂纹 9.焊缝内晶间裂纹

图6-10

（1）裂纹

裂纹是指材料局部断裂形成的缺陷，焊接应力及其它致脆因素共同作用下，焊接接头中局部地区的金属原子结合力遭到破坏而形成的新接口而产生缝隙，称为焊接裂纹。它具有尖锐的缺口和大的长宽比特征。按其方向可分为纵向裂纹、横向裂纹，辐射状（星状）裂纹。按发生的部位可分为根部裂纹、弧坑裂纹，熔合区裂纹、焊趾裂纹及热响裂纹。

按产生的温度可分为热裂纹（如结晶裂纹、液化裂纹等）、冷裂纹（如氢致裂纹、层状撕裂等）以及再热裂纹。

热裂纹是在高温下由拉应力作用产生的裂纹。由于焊接过程是一个局部不均匀加热和冷却的过程，因此必然产生拉应力，在拉应力的作用下，焊缝的薄弱处发生开裂。

冷裂纹是在焊后较低的温度下产生的裂纹，它与焊接金属材料的成分和特性、与氢的作用和拘束应力密切相关。冷裂纹有的在焊后立即出现，有的在焊后数小时或数天才出现，即它是一种延迟裂纹。冷裂纹常出现在热影响区、熔合线附近和焊缝根部。

再热裂纹是焊后进行消除应力的热处理过程产生的裂纹，它一般出现在热影响区、熔合线附近。层状撕裂是由于母材金属中原有的夹杂物在焊接应力作用下导致的开裂，它总是出现在热影响区或母材金属中。

另外，应力腐蚀裂纹是某些材料在某些介质中，由于拉应力的作用所产生的延迟裂纹，它是腐蚀介质和拉应力共同作用产生的，它主要由表面向深度方向发展。

（2）未熔合

熔焊时，焊道与母材之间或焊道与焊道之间未完全熔化结合的部分。

未熔合可分为坡口未熔合、焊道之间未熔合（包括层间未熔合）、焊缝根部未熔合。按其间成分不同，可分为白色未熔合（纯气隙、不含夹渣）、黑色未熔合（含夹渣的）。

未熔合产生的主要原因有：①电流太小或焊速过快（线能量不够）；②电流太大，使焊条大半根发红而熔化太快，母材还未到熔化便覆盖上去。③坡口有油污、锈蚀；④焊件散热速度太快，或起焊处温度低；⑤操作不当或磁偏吹，焊条偏弧等。

未熔合也是一种面积型缺陷，坡口未熔合和根部未熔合对承载截面积的减小都非常明显，应力集中也比较严重，其危害性仅次于裂纹口。

（3）未焊透

焊接时接头根部未完全熔透的现象，也就是焊件的间隙或钝边未被熔化而留下的间隙，或是母材金属之间没有熔化，焊缝熔敷金属没有进入接头的根部造成的缺陷。

未焊透产生主要原因：焊接电流太小，速度过快。坡口角度太小，根部钝边尺寸太大，间隙太小。焊接时焊条摆动角度不当，电弧太长或偏吹（偏弧）。

未焊透也是一种比较危险的缺陷，其危害性取决于缺陷的形状、深度和长度。

（4）夹渣

夹渣：焊后残留在焊缝中的溶渣，有点状和条状之分。产生原因是熔池中熔化金属的凝固速度大于熔渣的流动速度，当熔化金属凝固时，熔渣未能及时浮出熔池而形成。它主要存于焊道之间和焊道与母材之间。

夹渣可分为非金属夹渣和金属夹渣。

非金属夹渣的主要成分是硅酸盐，也有一些是氧化物和硫化物，它们主要来自焊条药皮和焊剂熔渣口金属夹渣最常见的是钨夹渣，它是由钨极氩弧焊中的钨极烧损，熔入焊缝中形成的。产生非金属夹渣的主要原因是：焊接电流太小，焊接速度太快；熔池金属凝固过快；运条不正确；铁水与熔渣分离不好；层间清渣不彻底等。

产生金属夹渣的主要原因是：焊接电流过大或钨极直径太小，氢气保护不良引起钨极烧损，钨极触及熔池或焊丝而剥落。

夹渣是一种体积型缺陷，容易被射线照相检出。夹渣会减少焊缝受力截面。夹渣的棱角容易引起应力集中，成为交变载荷下的疲劳源。

（5）气孔

焊接时，熔池中的气泡在凝固时未能逸出而残留下来所形成的空穴。气孔可分为条虫状气孔、针孔、柱孔，按分布可分为密集气孔，链孔等。

气孔的生成有工艺因素，也有冶金因素。工艺因素主要是焊接规范、电流种类、电弧长短和操作技巧。冶金因素，是由于在凝固接口上排出的氮、氢、氧、一氧化碳和水蒸汽等所造成的。

生成气孔的气体主要H_2和CO，气体来自电弧区周围的空气，母材和焊材表面的杂质，如油污、锈、水分以及焊条药皮和焊剂的分解燃烧。熔化了的金属在高温下可以吸收大量气体，冷却时，气体在金属中的溶解度下降，气体便析出并聚集生成气泡上浮，如果受到焊缝金属结晶的阻碍无法逸出，就会留在金属内生成气孔。

（6）形状缺陷

焊缝的形状缺陷是指焊缝表面形状可以反映出来的不良状态。如咬边、焊瘤、烧穿、凹坑（内凹）、未焊满、塌漏等。

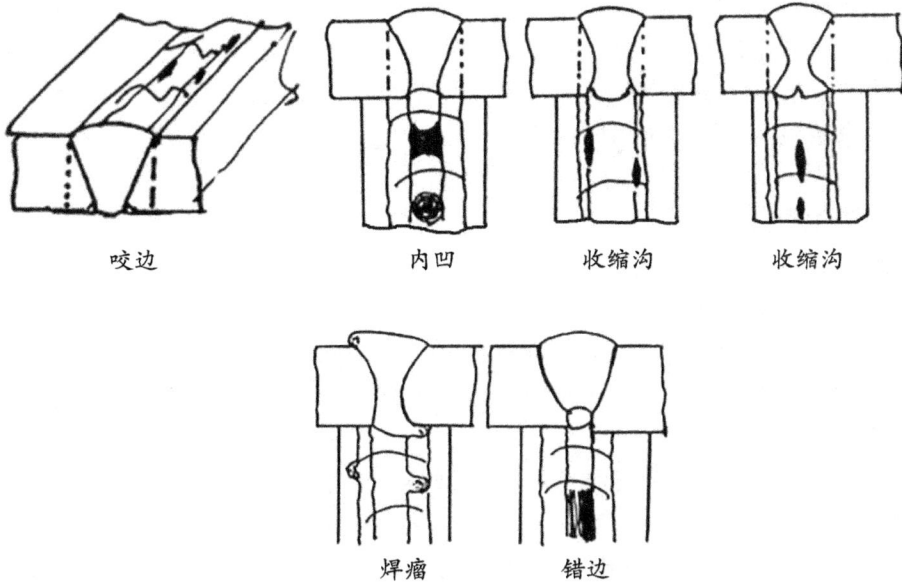

咬边　　　内凹　　　收缩沟　　　收缩沟

焊瘤　　　错边

形状缺陷产生的主要原因：焊接参数选择不当，操作工艺不正确，焊接技能差。

6.3　射线照相检验的记录与报告

评片人员应对射线照相检验结果及有关事项进行详细记录并出具报告。

6.3.1　射线检测记录其主要内容

无损检测记录其主要内容包括：

（1）委托单位或制造单位；

（2）检测对象：承压设备类别、检测对象的名称、编号、规格尺寸、材质和热处理状态、检测部位和检测比例、检测时的表面状态、检测时机，检测部位、焊缝坡口型式、焊接方法；

（3）检测设备器材：检测设备器材：射线源（种类、型号，焦点尺寸）；胶片（牌号及其分类等级）；增感屏（类型、数量和厚度）、像质计（种类和型号）、滤光板、背散射屏蔽铅板；

（4）检测工艺参数:检测技术等级、透照技术（单或双胶片）、透照方式、透照参数 F,f,b 管电压、管电流、曝光时间（或源强度、曝光时间），暗室处理方式和条件；

（5）检测示意图（布片图）

（6）底片评定：底片黑度、底片像质计灵敏度、缺陷位置和性质；

（7）操作指导书工艺验证情况（必要时）；

（8）检测结果及质量分级；

（9）编制、审核人员及其技术资格；

（10）其他需要说明或记录的事项；

（11）检测日期和地点。

无损检测记录应真实、准确、完整、有效，并经相应责任人员签字认可。

无损检测记录的保存期应符合相关法规标准的要求，且不得少于7年。7年后，若用户需要，可将原始检测数据转交用户保管。

6.3.2　射线检测报告

无损检测报告至少应包含以下内容:

（1）委托单位和制造单位；

（2）检测对象：承压设备类别、检测对象的名称、编号、规格尺寸、材质和热处理状态、检测部位和检测比例、检测时的表面状态、检测时机、检测部位、焊缝坡口型式、焊接方法等；

（3）检测设备器材：射线源（种类、型号，焦点尺寸）；胶片（牌号及其分类等级）；增感屏（类型、数量和厚度）、像质计（种类和型号）；

（4）检测工艺参数：检测技术等级，透照技术（单或双胶片），透照方式、透照参数F, f, b管电压、管电流、曝光时间（或源强度、曝光时间），暗室处理方式和条件；

（5）底片评定：底片黑度、底片像质计灵敏度、缺陷位置和性质；

（6）检测结果及质量分级；

（7）布片图；

（8）编制、审核人员及其技术资格；

（9）检测单位；

（10）检测时间。

射线检测报告的编制、审核应符合相关法规或标准的规定，射线检测报告的保存期应符合相关法规标准的要求，且不得少于7年。

第 7 章　安全防护

7.1　辐射防护的定义、单位与标准

辐射效应及其防护的研究和应用，离不开对电离辐射的计量，需要规定各种辐射量的定义和单位，用以表征辐射的特征，描述辐射场的性质，度量电离辐射与物质相互作用时的能量传递及受照物理内部的变化程度和规律。

从放射防护角度出发，可将描述X射线和γ射线的辐射量分为电离辐射常用辐射量和辐射防护常用辐射量两类。前者包括照射量、比释动能、吸收剂量等；后者包括当量剂量、有效剂量等。

描述辐射量时经常使用"剂量"这一术语，所谓"剂量"是指对某一对象所接受或"吸收"的辐射的一种量度。根据上下文，它可以指吸收剂量、剂量当量、器官剂量、当量剂量、有效剂量等。

剂量的单位采用国际单位制(SI)单位。为了照顾当前新旧单位过渡的需要，在给出辐射剂量的SI单位的同时，还将指出过去沿用的专用单位。

7.1.1　描述电离辐射的常用辐射量和单位

（1）照射量

当X射线或γ射线穿过空气时，由于它们和空气中的分子(或原子)相互作用的结果，便产生了次级电子(即光电、康普顿、电子对三大效应产生的电子)，这些次级电子具有一定能量。当它们和空气分子作用时能使空气分子电离，形成离子对——正离子和负离子。X射线或γ射线的能量越高，数量越大，对空气电离本领越强，被电离的总电荷量也就越多。因此，可用次级电子在空气中产生的任何一种符号的离子(电子或正离子)的总电荷量，来反映X射线或γ射线对空气的电离本领。由此引出照射量这个物理概念：照射量是用来表征X射线或γ射线对空气电离本领的大小的物理量，也是沿用最久的辐射量。

照射量这个概念，不能用于所有的射线，只适用于X射线或γ射线对空气的效应，而且由于测量所要求的电子平衡条件难以实现，它只适用于光子能量大约在几千V～3MV之间的X射线或γ射线。照射量不能作为剂量计量单位，当能量相同的X射线与物质相互作用时，物质的种类不同，吸收的辐射能量也不同。

（2）比释动能

X射线或γ射线与物质相互作用最重要的标志是将能力转移给物质，这是产生辐射效应的依据。能量转移过程分为两个阶段：首先X射线或γ射线的能量转移给次级电子，然

后次级电子通过电离和激发的形式，将能量转移给物质。比释动能是用于描述第一阶段的能量转移情况，即描述不带电粒子有多少能量转移带电粒子的一个辐射量。

比释动能的定义是指不带电粒子与物质相互作用，在单位质量的物质中释放出来的所有带电粒子的初始动能的总和。

比释动能只适用于X射线或γ射线等不带电粒子的辐射，但适用于各种物质。

（3）吸收剂量

电离辐射与物质的相互作用实际是一种能量的传递过程，结果是电离辐射的能量被物质所吸收，引起被照射物质的性质发生各种变化，其中有物理的、化学的、生物学的等。物质吸收的辐射能量越多，则由辐射引起的效应就越明显。为了衡量物质吸收辐射能量的多少，用以研究能量吸收与辐射效应的关系，引进了"吸收剂量"这个物理量。

任何电离辐射照射物体时，受照物体将吸收电离辐射的全体或部分能量。用比释动能描述第一阶段的能量转移情况，而对于第二阶段的能量转移情况，即描述次级电子有多少能量被物质吸收，可用吸收剂量表示，即吸收剂量是表征受照体吸收电离辐射能量程度的一个物理量。

吸收剂量的定义为:任何电离辐射，授予质量为dm的物质的平均能量$d\bar{\varepsilon}$除以dm所得的商，即:

$$D = \frac{d\bar{\varepsilon}}{dm} \tag{2-19}$$

授予能ε为进入基本体积的全部带电电离粒子和不带电电离粒子能量和，与离开该体积的全部带电电离粒子和不带电电离粒子的能量总和之差，再减去在该体积内发生任何核反应或基本粒子反应所增加的静止质量的等效能量。

吸收剂量适用于任何类型的电离辐射，也适用于任何物质。但必须注意的是，吸收剂量的大小不仅相关于电离辐射本身的类型和能量，而且也相关于被辐照的物质。同样的电离辐射辐照不同的物质时，产生的吸收剂量可以不同。

吸收剂量不像照射量和比释动能，只适用X射线或γ射线，它适用于任何类型和任何能量的电离辐射，同时也适用于任何被照射物质。吸收剂量的大小一方面取决于电离辐射的能量，另一方面取决于被照射物质本身的性质。因此，在提及吸收剂量时，必须说明是什么物质的吸收剂量。

7.1.2 描述辐射防护的常用辐射量和单位

辐射防护中使用的辐射量有很多种，本节只介绍与人体有关的辐射量——当量剂量和有效剂量。

（1）当量剂量及单位

1）当量剂量HT

吸收剂量在一定程度上可以反映生物体因受到辐射而产生的生物效应。但辐射的生物效应不只是仅仅依赖于吸收剂量的大小，还与其他因素有关。同样的吸收剂量，由于射线的种类和能量不同，对机体产生的生物效应亦有不同。考虑到这一影响因素，应该有一个与辐射种类和射线能量有关的因子对吸收剂量进行修正，这个因子叫做辐射权重因子（W_R）。用辐射权重因子修正后的吸收剂量叫做当量剂量。

需要特别指出的是：在辐射防护中，关心的往往不是受照体某点的吸收剂量，而是某个器官或组织吸收剂量的平均值。辐射权重因子正是用来对某组织或器官的平均吸收剂量进行修正的。因此，用辐射权重因子修正的平均吸收剂量即为当量剂量。

对于某种辐射R在某个组织或器官T中的当量剂量H_{TR}可由下式给出：

$$H_{TR}=D_{TR}W_R \tag{2-20}$$

式中：W_R——辐射R的辐射权重因子；D_{TR}——辐射R在器官或组织T内产生的吸收剂量。

如果对于某一组织或器官T的照射是由几种具有不同种类和能量的辐射组成，则应将吸收剂量分成若干组，每组各有与其对应的辐射权重因子W_R，分别用不同的W_R对相应种类辐射的吸收剂量进行修正，而后相加即可得出总的当量剂量。

对X射线和γ射线，不管能量多高，辐射权重因子W_R始终为1，也就是说对任一器官或组织，被X射线和γ射线照射后的吸收剂量和当量剂量在数值上是相等的。

2）当量剂量的单位

辐射权重因子W_R是无量纲的，当量剂量的SI单位与吸收剂量的SI单位相同，为$J \cdot kg^{-1}$，专用名称是希沃特（Sv），因此；

$$1Sv=1 J \cdot kg^{-1} \tag{2-21}$$

此外还有厘希沃特(cSv)、毫希沃特(mSv)和微希沃特(μSv)等单位，它们之间的关系为：
$1Sv=100 cSv =10^3 mSv =10^6 \mu Sv$

（2）有效剂量

组织权重因子

辐射防护中通常遇到的情况是小剂量慢性照射，在这种条件下引起的辐射效应主要是随机性效应。

随机性效应发生的概率与受照的组织或器官有关，也就是不同的组织或器官，虽然吸收了相同当量剂量的射线，但发生随机性效应的概率有可能不一样。为了考虑不同器官或组织对发生辐射随机性效应的不同敏感性，引入一个新的权重因子对当量剂量进行加权修正，使得修正后的当量剂量能够更好地反映出受照组织或器官吸收射线后所受的危害程度。这个对组织或器官T的当量剂量加权的因子称为组织权重因子，用W_T表示。每个组织的权重因子均小于1，对射线越是敏感的组织权重因子的数值越大，所有组织权重因子的总和为1。

7.2 剂量测定方法和仪器

7.2.1 辐射监测内容和分类

从事电离辐射的实践离不开对辐射的监测。辐射监测是放射防护的一项重要技术，其主要目的是保护工作人员和居民免受辐射的有害影响。因此，辐射监测的内容应包括辐射测量和参照电离辐射防护及辐射源安全基本标准对测定结果进行卫生学评价两个方面。

工业射线照相一般使用的是X射线和γ射线。工作人员处于辐射场中工作，主要受外照射。因此，辐射监测的内容主要是防护监测，按监测的对象可分为工作场所辐射监测和个人剂量监测两大类。

辐射防护监测的实施包括辐射监测方案的制定、现场测量、照射场测量、数据处理、结果评价等。在监测方案中，应明确监测点位、监测周期、监测仪器与方法，以及质量保证措施等。辐射防护监测特别强调质量保证措施，监测人员应经考核持证上岗。监测仪器要定期送计量部门检定，对监测全过程要建立严格的质量控制程序。

（1）工作场所辐射监测

工作场所辐射监测包括透照室内的辐射场测定和周围环境的剂量场分布测定两部分。

1）透照室内辐射场测定

在透照室内辐射场测定中，需测定不同射线源在不同条件下射线直接输出剂量、散射线量以及有散射体存在时剂量场的分布情况，以便及时发现潜在的高剂量区，从而采取必要的防护措施。根据剂量场的分布资料，可以计算工作人员的允许连续工作时间，估计工作者在给定条件下将受到的照射剂量。另外，还可测定增添防护设施后剂量场的改变情况，以便评定防护设施的性能。

2）周围环境剂量场分布测定

周围环境剂量场分布测定包括透照室门口、窗口、走廊、楼上、楼下和其他相邻房间以及周围环境的照射量率，它可为改善防护条件提供有价值的信息，保证环境剂量水平符合放射卫生防护要求。

3）控制区和监督区剂量场分布测定

现场透照时，应根据剂量水平划分控制区和监督(管理)区。作业场所启用时，应围绕控制区边界测量辐射水平。操作过程中，应进行辐射巡测，观察放射源的位置和状态。

控制区是指在辐射工作场所划分的一种区域，在该区域内要求采取专门的防护手段和安全措施。以便在正常工作条件下能有效控制照射剂量和防止潜在照射。监督（管理)区是辐射工作场所控制区以外、通常不需要采取专门防护手段和安全措施，但要不断检查其具备照射条件的区域。

（2）个人剂量监测

个人剂量监测是测量被射线照射的个人所接受的剂量，这是一种控制性的测量。它可以告知在辐射场中工作的人员直到某一时刻为止，已经接受了多少照射量或吸收剂量，因此，就可以控制以后的照射。如果被照射者接受了超剂量的照射，个人剂量监测不仅有助于分析超剂量的原因，还可以为医生治疗被照射者提供有价值的数据。当然，个人剂量监测和工作场所监测是相辅相成的。此外，个人剂量监测对加强管理、积累资料、研究剂量与效应关系有很大的作用。

实际上，并不是任何受照条件下都需要进行个人剂量监测。通常只有受照射剂量达到某一水平的地方或偶尔可能发生大剂量照射的地方，才需要进行个人剂量监测。GB 18871-2002《电离辐射防护与辐射源安全基本标准》规定了个人剂量监测3种情况：

对于任何在控制区工作的工作人员，或有时进入控制区工作并可能受到显著职业照射的工作人员，或其职业照射剂量可能大于5mSv/a的工作人员，均应进行个人监测。在进行个人监测不现实或不可行的情况下，经审管部门认可后可根据工作场所监测的结果和受照地点和时间的资料对工作人员的职业受照作出评价。

对在监督区或只偶尔进入控制区工作的工作人员，如果预计其职业照射剂量在1~5mSv/a范围内，则应尽可能进行个人监测。应对这类人员的职业受照进行评价，这种评价应以个人监测或工作场所监测的结果为基础。

如果可能，对所有受到职业照射的人员均应进行个人监测。但对于受照剂量始终不可能大于1mSv/a的工作人员，一般可不进行个人监测。

7.2.2　场所辐射监测仪器

用于场所辐射监测的仪器按体积、质量和结构可分为携带式和固定式两类。携带式仪器体积小、质量轻，具有合适的量程，便于个人携带使用。固定式监测装置，一般由安装在操作室的主机和通过电缆安装在监测处的探头两部分组成(如伦琴计)。还可采用带有音响，或灯光讯号的报警装置，一旦场所的剂量超过某一预定阈值时，仪器能自动给出信号。

在场所辐射监测中，有用射线束的照射场内辐射水平很高，而一般散、漏射线的辐射水平较低，必须根据探测对象选用适当的仪器进行测量。

以下介绍几种常用的辐射监测仪器。

（1）气体电离探测器

电离室、正比计数器和G-M计数管统称为气体电离探测器，其工作原理的共同点是：利用射线使气体发生电离的特性，通过收集探测器工作室内的气体电离所产生的电荷来测定辐射剂量。

1）电离室探测器

电离室相当于一个充气的密封电容器。由于电离室没有放大功能，其输出的电离电流很弱，因此，要特别考虑弱电流测量的要求。

电流电离室具有结构简单、使用方便、测量范围宽、能量响应好和工作稳定可靠等优点，虽然灵敏度不是很高，但足够常规防护监测的需要，因此广泛应用于X射线和γ射线的剂量测量。

高气压电离室是测量辐射剂量率的新型探测器，由高气压电离室探测器和电子线路组成，与一般电离室探测器相比，其灵敏度和测量精度更高。这类仪器价格比较贵，目前国外已普遍应用，国内也已有产品生产。

2）G-M计数管

G-M计数管比电离室灵敏度高，入射射线只要产生一个离子时就能引起放电而被记录。输出脉冲的幅度大，仪器结构简单，不易损坏，价格低廉。其缺点是：分辨时间太长，不能用于高计数率测量，在很强的辐射场中，由于计数率太大会发生"饱和"。对γ射线探测效率较低。目前国内有多种型号产品。

（2）闪烁探测器

闪烁探测器是利用某些物质在辐射作用下会发光的特性来探测辐射的，这些物质称为荧光物质或闪烁体。常用的闪烁体可分无机闪烁体和有机闪烁体两类，前者大多是含有杂质的无机盐晶体；后者大多属于环苯结构的芳香族化合物。

闪烁探测器由闪烁体和光电倍增管、放置放大器等组成，射线在闪烁体中产生的荧光极弱，须用光电转换器件(光电倍增管)来把荧光转换成电脉冲，并加以放大，其脉冲幅度正比于带电粒子或光子在闪烁体晶体中累积的能量。

闪烁探测器的优点是对γ射线探测效率高，灵敏度比G-M计数管高，分辨时间短，能测量射线的强度和能量。

（3）半导体探测器

半导体探测器是20世纪60年代后迅速发展起来的一种测量辐射剂量率的新型探测器，其工作原理与气体电离室探测器十分相似。

与气体电离室探测器相比，半导体探测器的优点是：

1）由于半导体密度比气体大得多，在输出同样脉冲情况下，半导体探测器的体积比气体探测器小得多；

2）半导体探测器的能量分辨能力很高，比闪烁探侧器还要高数十倍，可用于X射线谱和γ能谱测量。

7.2.3　个人剂量监测仪器

个人剂量检测仪的探测器件通常佩戴在人员身上，以监测个人受到的总照射量或者组织的吸收剂量。因此，探测元件或仪器必须非常小巧、轻便、牢固、容易使用、佩戴舒适，而且能量响应要好，并不受所测辐射以外的因素干扰。

常用的个人剂量监测仪有电离室式剂量笔、胶片剂量计，以及属于固体剂量仪的玻璃剂量仪和热释光剂量仪。目前使用较多的是固体剂量仪。

（1）个人剂量笔

个人剂量笔(个人剂量计)，实际上是一种直读式袖珍电离室，又叫携带剂量表。是一种形似钢笔的小验电器，如图7-1所示。

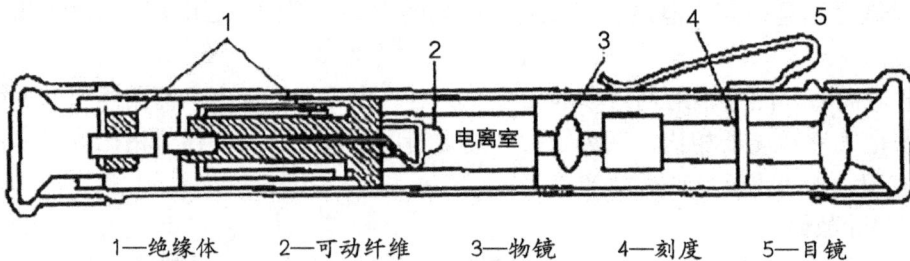

1—绝缘体　　2—可动纤维　　3—物镜　　4—刻度　　5—目镜

图7-1　个人剂量笔

这种个人剂量笔具有读数迅速、简便的优点，但它能量响应较差，并且常由于绝缘性能不良或受到冲撞震动而引起错误的读数，目前已很少使用。

（2）热释光剂量仪

热释光剂量仪和荧光玻璃剂量仪都是固体发光剂量仪。这是20世纪50年代以来迅速发展起来的剂量测量仪器。热释光剂量计具有灵敏度和精确度较高等优点，且尺寸小，剂量元件可加工成小徽章，有的还可加工成一定形状的指环戴在手指上，佩戴方便。热释光剂量仪的缺点是不能直接显示读数，需要通过专门的加热读出装置读取剂量值。

热释光剂量元件，一经加热读数，其内部储存的辐射信息随即消失，因而它不具备复测性，但是作为剂量元件，可重复投入使用。

7.3　辐射防护的原则、标准和辐射损伤机理

7.3.1　辐射防护的目的和基本原则

（1）辐射防护的目的

辐射防护的目的在于防止有害的确定性效应，限制随机性效应的发生率并降低到可以接受的水平。保障从事放射工作的人员和公众以及他们的后代的健康与安全，保护环境，促进放射性装置的使用与发展。

电离辐射是不能够完全避免的，盲目地增加防护成本是没有意义的，人类生活的环境中，天然就存在多种射线和放射性物质；电离辐射所致随机性效应是"线性无阈"的（"无阈"是指不存在一个在其以下不产生人体伤害的阈值，所谓"线性"是指随机效应发生的概率随剂量的增加而增大），应避免任何不合理的照射。

辐射防护应遵循以下3个基本原则：

1）辐射实践的正当化，即辐射实践所致的电离辐射危害同社会和个人从中获得的利益相比是可以接受的，这种实践具有正当理由，获得的利益超过付出的代价；

2）辐射防护的最优化，即应当避免一切不必要的照射。在考虑经济和社会因素的条件下，所有辐射照射都应保持在可合理达到的尽可能低的水平。直接以个人剂量限值作为设计和安排工作的唯一依据并不恰当，设计辐射防护的真正的依据应是防护最优化；

3）个人剂量限值，即在实施辐射实践的正当化和辐射防护的最优化原则的同时，运用剂量限值对个人所受的照射加以限制，使之不超过规定。

辐射防护的三个基本原则是一个有机的统一整体，在实际工作中，应同时予以考虑，只有这样才能保证辐射防护正常和合理地进行。

7.3.2　剂量限制的规定

我国现行的辐射防护标准《电离辐射防护与辐射源安全基本标准》（GB 18871-2002），对剂量限值和表面污染控制水平规定如下：

（1）职业照射剂量限值

1）应对任何工作人员的职业照射水平进行控制，使之不超过下述限值：

①由审管部门决定的连续5年的年平均有效剂量（但不可作任何追溯性平均）：

20mSv；

②任何一年中的有效剂量：50mSv；

③眼晶体的年当量剂量：150mSv；

④四肢（手和足）或皮肤的年当量剂量：500mSv。

2）对于年龄为16～18岁接受涉及辐射照射就业培训的徒工和年龄为16～18岁在学习过程中需要使用放射源的学生，应控制其职业照射使之不超过下述限值：

①年有效剂量：6mSv；

②眼晶体的年当量剂量：50mSv；

③四肢（手和足）或皮肤的年当量剂量：150mSv。

3）特殊情况

在特殊情况下，可对剂量限值进行如下临时变更：

①依照审管部门的规定，可将剂量平均期由5个连续年破例延长到10个连续年；并且，在此期间内，任何工作人员所接受的年平均有效剂量不应超过20mSv，任何单一年份不应超过50mSv；此外，当任何一个工作人员自此延长平均期开始以来所接受的剂量累计达到100mSv时，应对这种情况进行审查；

②剂量限制的临时变更应遵循审管部门的规定，但任何一年内不得超过50mSv，临时变更的期限不得超过5年。

（2）公众照射剂量限值

实践使公众中有关关键人群组的成员所受到的平均剂量估计值不应超过下述限值：

①年有效剂量：1mSv；

②特殊情况下，如果5个连续年的年平均剂量不超过1mSv，则某一单一年份的有效剂量可提高到5mSv；

③眼晶体的年当量剂量：15mSv；

④皮肤的年当量剂量：50mSv。

7.3.3 辐射损伤的机理

（1）辐射作用于生物体时能造成电离辐射，这种电离作用能造成生物体的细胞、组织、器官等损伤，引起病理反应，称为辐射生物效应。

辐射对生物体的作用是一个非常复杂的过程，生物体从吸收辐射能量开始到产生辐射生物效应，要经历许多不同性质的变化，一般认为将经历4个阶段的变化：

物理变化阶段：持续约10-16秒，细胞被电离；

物理-化学变化阶段：持续约10-6秒，离子与水分子作用，形成新产物；

化学变化阶段：持续约几秒，反应产物与细胞分子作用，可能破坏复杂分子；

生物变化阶段：持续时间可以是几十分钟～几十年，上述的化学变化可能破坏细胞或其功能。

（2）辐射生物效应可以表现在受照者本身，也可以出现在受照者的后代。表现在受照者本身的称为躯体效应（按照显现的时间早晚又分为近期效应和远期效应），出现在受照者后代时称为遗传效应。

（3）电离辐射引起的辐射生物效应，可以分为随机效应与非随机效应(确定性效应)两类：

随机效应是在放射防护中，发生几率与剂量的大小有关的效应，即剂量越大，随机效应的发生率越大，但效应的严重程度与剂量大小无关，即这种效应的发生不存在剂量的阈值，例如遗传效应和躯体致癌效应。衡量随机效应的重要概念是危险度（单位剂量当量在受照器官或组织诱发恶性疾患的死亡率，或出现严重遗传疾病的发生率）和权重因子（各器官或组织的危险度与全身受到均匀照射的危险度之比）。

非随机效应(确定性效应)是效应的严重程度随剂量而变化，即这种效应要在剂量超过一定的阈值后才能发生，效应严重程度与剂量大小有关，亦即只要限制剂量当量就可以避免非随机效应的发生。例如对眼（眼晶体的白内障）、皮肤（皮肤的良性损伤）和血液引起的效应。

7.4 辐射防护的基本方法和防护计算

7.4.1 辐射防护的基本方法

辐射防护的目的在于控制辐射对人体的照射，使之保持在可以合理做到的最低水平，保证个人所受到的当量剂量不超过规定标准。

对于工业射线检测而言，只需要考虑外照射的防护。总的来说。外照射的防护比内照射的防护容易解决。下面的3个因素是外照射防护的基本要素：

①时间：控制射线对人体的曝光时间；

②距离：控制射线源到人体间的距离；

③屏蔽：在人体和射线源之间隔一层吸收物质。

下面分别论述这3个要素。

（1）时间

众所周知，在具有恒定剂最率的区域里工作的人，其累积剂量正比于他在该区域内停留的时间：

$$剂量=剂量率 \times 时间 \qquad (2-22)$$

从式2-22可见。在照射率不变的情况下，照射时间越长，工作人员所接受的剂量越大。为了控制剂量，对于个人来说，就要求操作熟练，动作尽量简单迅速，减少不必要的照射时间。为确保每个工作人员的累积剂量在允许的剂量限值以下，有时一项工作需要几个人轮换操作，从而达到缩短照射时间的目的。

（2）距离

增大与辐射源间距离可以降低受照剂量。这是因为，在辐射源一定时，照射剂量或剂量率与离源的距离平方成反比，即：

$$\frac{D_1}{D_2} = \frac{R_2{}^2}{R_1{}^2} \quad 或 \quad D_1R_1{}^2 = D_2R_2{}^2 \qquad (2-23)$$

式中：D1——距辐射源R1处的剂量或剂量率；D2——距辐射源R2处的剂量或剂量率；R1——辐射源到1点的距离；R2——辐射源到2点的距离。

可见，当距离增加一倍时，剂量或剂量率减少到原来的1/4，其余依次类推。在实际工作中，为减少工作人员所接受的剂量，在条件允许的情况下，应尽量增大人与辐射源之间的距离，尤其是在无屏蔽的室外工作，应尽量利用连接电缆长度达到距离防护的目的。无论何时何种情况，不得用手直接抓取放射源。

（3）屏蔽

在实际工作中，当人与辐射源之间的距离无法改变，而时间又受到工艺操作的限制时，欲降低工作人员的受照剂量水平，只有采用屏蔽防护。屏蔽防护就是根据辐射通过物质时强度被减弱的原理，在人与辐射源之间加一层足够厚的屏蔽，把照射剂量减少到容许剂量水平以下。

1）屏蔽方式

根据防护要求的不同，屏蔽物可以是固定式的，也可以是移动式的。属于固定式的屏蔽物是指防护墙、地板、天花板、防护门等。属于移动式的如容器、防护屏及铅房等。

2）屏蔽材料

用作γ射线和X射线的屏蔽材料是多种多样的。按道理讲，任何材料对射线强度都有程度不同的削弱，但原子序数高的或密度大的防护材料，其防护效果更好。在实用中，铅和混凝土是最常用的防护材料。

总之，屏蔽材料必须根据辐射源的能量、强度、用途和工作性质来具体选择，同时还必须考虑成本和材料来源。

7.4.2 防护计算

以下分别介绍时间、距离、屏蔽防护计算的方法。

（1）时间防护

【例1】已知辐射场中某点的剂量率为50μSv/h，在不超过剂量限值的情况下，问工作人员每周可从事工作多少时间？

解:放射性工作人员年剂量限值为50mSv，1年的工作时间按50周计算，每周的剂量限值为50mSv/50=1mSv=1 000 μSv。

因为，剂量=剂量率×时间，所以有1 000=50t

$$t=1 000/20=50=20h$$

答:每周可以工作20小时。

【例2】如果一个工作人员，每周需要在某照射场停留40h。在不允许超过剂量限值的情况下，试问照射场中所允许的最大剂量率为多少？

解:由上题已知每周的剂量限值为1 000 μSv

$$由剂量=剂量率×时间$$
$$得1000=剂量率×40$$
$$剂量率=1000/40=25μSv/h$$

答:照射场中所允许的最大剂量率为25μSv/h。

（2）距离防护

【例3】距离一个特定的γ源2m处的剂量率是400μSv/h，在距离源多远处的剂量率为25μSv/h：

解：
$$D_1R_1^2=D_2R_2^2$$
$$400 \times 2^2=25R_2^2$$
$$所以R_2^2=64，R_2=8m$$

答:离源8m处其剂量率为25μSv/h。

7.5 屏蔽防护常用材料

7.5.1 对屏蔽材料的要求

虽然理论上任何物质都能使穿过的射线受到衰减，但并不是都适合作屏蔽防护材料。在选择屏蔽防护材料时，必须从材料的防护性能、结构性能、稳定性能和经济成本等方面综合考虑。

（1）防护性能 防护性能主要是指材料对辐射的衰减能力，也就是说，为达到某一预定的屏蔽效果所需材料的厚度和质量。在屏蔽效果相当的情况下，成本差别不大，厚度最薄，质量最轻的材料最理想。此外，还应考虑所选材料在衰减入射的过程中不产生贯穿性的次级辐射，或即使产生，也非常容易吸收。

（2）结构性能屏蔽材料除应具有很好的屏蔽性能，还应成为建筑结构的部分。因此，屏蔽材料应具有一定的结构性能，包括材料的物理形态、力学特性和机械强度等。

（3）稳定性能为保持屏蔽效果的持久性，要求屏蔽材料稳定性能好，也就是材料具有抗辐射的能力，而且当材料处于水、汽、酸、碱、高温环境时，能耐高温、抗腐蚀。

（4）经济成本所选用的屏蔽材料应成本低、来源广泛、易加工，且安装、维修方便。

7.5.2 常用屏蔽防护材料及特点

屏蔽X射线和γ射线常用的材料有两类:一类是高原子序数的金属；另一类是低原子序数的建筑材料。

（1）铅，原子序数82，密度11 350kg·m^{-3}。具有耐腐蚀、在射线照射下不易损坏和强衰减X射线的特性，是一种良好的屏蔽防护材料。但铅的价格贵，结构性能差，机械强度差，不耐高温，具有化学毒性，对低能X射线散射量较大。选用时需根据情况具体分析，例如，用作X射线管管套内衬防护层、防护椅、遮线器、铅屏风和放射源容器等。

在X射线防护的特殊需要中，还常采用含铅制品，如铅橡皮、铅玻璃等。铅橡皮可制成铅橡胶手套、铅橡胶围裙、铅橡胶活动挂帘和各种铅橡胶个人防护用品等;铅玻璃保持了玻璃的透明特性，可做X射线机透视荧光屏上的防护用铅玻璃，以及铅玻璃眼镜和各种屏蔽设施中的观察窗。

（2）铁，原子序数26，密度7 800kg·m^{-3}。铁的机械性能好、价廉、易于获得，有较好的防护性能。因此，是防护性能与结构性能兼优的屏蔽材料，通常多用于固定式或移动式防护屏蔽。对100kV以下的X射线，大约6mm厚的铁板就相当于1mm厚铅板的防护效果。因此，可在很多地方用铁代铅。

（3）砖，价廉、通用，来源容易。在医用诊断X射线能量范围内，一砖厚（24cm）实心砖墙约有2mm的铅当量。对低kV产生的X射线，砖的散射量较低，故是屏蔽防护的好材料，但在施工中应使砖缝内的砂浆饱满，不留空隙。

（4）混凝土，由水泥、粗骨料（石子）、沙子和水混合做成，密度约为2 300 kg·m^{-3}，含有多种元素。混凝土的成本低廉，有良好的结构性能，多用作固定防护屏障。为特殊需要，可以通过加进重骨料(如重晶石、铁矿石、铸铁块等)，以制成密度较大的重混凝土。重混凝土的成本较高，浇注时必须保证重骨料在整个防护屏障内的均匀分布。

7.6 辐射防护的安全管理

7.6.1 辐射防护的法规与标准

与工业射线照相有关的放射卫生防护法规有：

《放射性同位素与射线装置放射防护条例》，1989年10月24日国务院发布；

《中华人民共和国放射性污染防治法》，自2003年10月1日起施行；

《放射事故管理规定》，2001年8月26日卫生部、公安部公布；

《放射工作卫生防护管理办法》，2001年8月23日卫生部令第17号公布；

《中华人民共和国职业病防治法》，自2002年5月1日起施行。

与工业射线照相有关的放射防护标准有：

GB 18871-2002电离辐射防护及辐射源安全基本标准。

7.6.2 辐射工作人员证书与健康的管理
（1）放射工作人员证的管理

放射工作人员上岗前，必须由所在单位负责向当地卫生行政部门申请《放射工作人员证》，工作人员持证后方可从事所限定的放射工作。

申领《放射工作人员证》的人员.必须具备下列基本条件：

（1）年满18周岁，经检查健康，符合放射工作职业的要求；

（2）遵守放射防护法规和规章制度，接受个人剂量监督；

（3）掌握放射防护知识和有关法规，经培训、考核合格；

（4）具有高中以上文化水平和相应专业技术知识和能力。

《放射工作人员证》每3年换发一次。超过3年未申请复核的，需重新办证。

（2）放射工作人员健康管理

1）体检

放射工作人员就业前必须进行体格检查，体检合格者方可从事放射工作。放射工作人员就业后必须进行定期体格检查。

放射工作人员体检应在省级卫生行政部门指定的卫生医疗单位进行。

放射工作人员所在单位应为每位放射工作人员建立健康档案，详细记录历次医学检查结果和评价处理意见，并保存至脱离放射工作以后20年。

2）放射工作人员健康要求

放射工作人员必须具有在正常、异常和紧急情况下能正确、安全地履行其职责的健康条件，他们应具有：

①正常的呼吸、循环、消化、内分泌、免疫、泌尿生殖系统以及正常的皮肤、粘膜、毛发、物质代谢功能等；

②正常的造血功能，如红细胞系、粒细胞系、巨核细胞系等，均在正常范围内；

③正常的神经系统功能、精神状态和稳定的情绪；

④正常的视觉、听觉、嗅觉和触觉，以及正常的语言表达和书写能力；

⑤外周血淋巴细胞染色体畸变率和微核率正常；

⑥尿和精液常规检查正常。

3）不宜从事放射工作的条件

凡存在以下条件(或情况)之一者，不应（或不宜）从事放射工作：

①严重的呼吸系统、循环系统、消化系统、造血系统、神经和精神系统、泌尿生殖系统、内分泌系统、免疫系统疾病以及皮肤疾病；

②严重的视力障碍、听力障碍；

③恶性肿瘤，有碍于工作的巨大的、复发性良性肿瘤；

④严重的、有碍于工作的残疾、先天畸形和遗传性疾病；

⑤手术后不能恢复正常功能者；

⑥未完全恢复的放射性疾病(指就业后)或其他职业病等；

⑦其他器质性或功能性疾病、未能控制的细菌性或病毒性感染；

⑧有吸毒、酗酒或其他恶习而不能改正者；

⑨未满18周岁，不宜在甲种工作条件下工作；16～17岁允许接受为培训而安排的乙种工作条件下的照射；

⑩已从事放射工作的孕妇、哺乳期妇女不应在甲种工作条件下工作，妊娠6个月内不应接触射线；

⑪以前已接受过5倍于年年剂量限值照射的放射工作人员，不应再接受事先计划的特殊照射；

⑫对经验丰富的放射学专家和技术人员，若有不符合健康条件者，应慎重对待他们的去留。

4）医学随访

对符合下列条件之一者每2年对其进行一次医学随访观察：

①从事放射工作累计工龄20年以上；

②一次或几天内的照射当量剂量在0.1mSv以上；

③一年全身累计照射当量剂量在1.0mSv以上；

④确诊的职业放射病者。

5）保健津贴

放射工作人员的保健津贴按照国家和地方的有关规定执行。临时调离放射工作岗位者，可继续享受保健津贴，但最长不超过3个月。正式调离放射工作岗位者，可继续享受保健津贴1个月，从第2月起停发。

6）休假

根据工作场所类别与从事放射时间的长短，在国家规定其他休假外，从事放射工作人员每年可享受保健休假2~4周。对从事放射工作满20年的在岗人员，可由所在单位利用休假时间安排2~4周的健康疗养。享受寒、暑假的放射工作人员不再享受保健休假。

（3）辐射事故管理人员管理的主要内容

辐射事故按其性质可分为责任事故、技术事故和其他事故；按类别可分为人员受超剂量照射事故、放射性物质污染事故和丢失放射性物质事故。

人员受超剂量照射事故发生后，肇事单位应立即将事故情况报告主管部门和所在地区的环保、公安部门。并及时采取妥善措施，尽量减少和消除事故的危害和影响。接受当地放射卫生防护机构的监督及有关部门的指导。

对事故中受照人员，可通过个人剂量仪、模拟实验等方法迅速估算其受照剂量。对一次受照的有效剂量超过0.05mSv者，应给予医学检查;对一次受照有效剂量超过0.25mSv者，应及时给予医学检查和必要的医学处理。

放射事故应按《放射事故管理规定》处理。

第 8 章　射线检测工作管理

射线检测工作的质量管理要做到全面质量、全过程、全员参与的全面质量管理。所谓全面质量，是指不限于产品质量，而且包括服务质量和工作质量等在内的广义质量；全过程是指不限于生产过程而且包括市场调研、产品开发设计、生产设备制造、检验销售、售后服务等质量环节的全过程；全员参与是指不限于领导和管理干部，全体工作人员都参加。

射线检测工作的管理主要是人员、设备器材、工艺和底片、检测记录、报告等的管理。

8.1　射线检测工作人员的管理

射线检测人员的管理包括人力资源配备和储备、人员培训与考核、人员技术业绩档案建立与管理等。

8.2　射线检测工作设备和器材的管理

（1）设备和器材的采购

为了保证采购设备材料的质量要求，应对采购实施全过程的管理和控制。

①建立合格供应商名录

对供应商考察内容：资质、资信、性能、质量保证能力和质量信誉、以往供货业绩、价格、服务情况。

②采购管理

仪器设备材料采购管理一般程序包括：购置申请、批准、选择供方、签订采购合同、到货验收、入库。

（2）仪器设备档案

为保证仪器设备的基本情况，包括使用情况、检查情况、维修情况、故障情况能得到及时、准确记录，主要仪器设备应建立档案。仪器设备档案内容至少包括以下内容：

①仪器设备名称；

②制造商名称、型号、编号；

③接收和启用日期；

④放置地点；

⑤接收时的状态及验收记录；

⑥使用说明书或其复印件；

⑦检定/校准日期和结果以及下次检定/校准日期；

⑧维护记录和维护计划；

⑨损坏、故障及修理记录。

（3）仪器设备的使用管理

①标识

设备状态分为3种：合格、准用、停用。标识牌上应标明编号，下次检定或校准日期、检定或校准内容。

②保管、使用和维护

保管：仪器设备应由设备管理员统一保管，领用需办理领用手续，并做好记录。设备归还时使用人应将设备清理干净，与设备管理员共同对设备状态进行验证办理仪器归还手续。

使用：操作人员操作前均应检查其校准状态和环境要求（需要时），并作好记录，符合规定要求方可开机操作，应严格按操作规程执行，一旦当仪器发生故障应按操作规程的有关规定处理并将情况予以记录。

维修：设备管理员对损坏的设备仪器，及时维修、校准、检定，并制定仪器设备的维护措施。需充电的设备仪器至少每月充电一次，入库时干电池及时取出。无法修复的仪器可申请报废，报批后按规定处理，报废仪器设备应明确标识、隔离存放或送废品站处理。

暂不用仪器按规定办理手续并在设备上贴停用标志；停用仪器重新使用，应按规定办理手续，经检定合格并贴上合格标志后方可使用。

需使用外单位设备仪器时，应对所借（租）用的仪器进行评定，确保仪器设备各性能满足检验工作的需要。

③仪器设备的检定校准

根据仪器设备情况单位编制检定计划表，新购、停用、重新启用和到期的仪器设备，一律送法定计量检定机构进行检定。

对无检定规程、标准、相关技术资料或无法溯源到国家标准而需自检的仪器设备，应编写自校规程，若某些仪器设备测量不可能溯源到国家标准，应按制定的比对和验证计划进行比对和验证试验，并出具对比和验证试验报告。

校准、检定记录及检定证书放入设备档案，所有检验设备在使用时，必须具有有效的检定（校、核、比对）证书，如发现所使用的设备未经检定或检定不合格时，应立即停止使用并对该次检测数据有效性做出相应处理。

射线检测设备一般至少每年检定一次。应制定规程并按照规程进行检定。

（4）消耗材料的管理

主要指胶片、显、定影用的化学用品等。采购、进货检验、登记、保管、领用应严格按管理程序进行。

胶片的进货检验特别注意生产日期和有效期。入库后应在恒温恒湿条件下存放，随用随领，不应大量存入暗室，以防变质。

显、定影的化学药品应确认其有质量合格证明书，确认药品实物与证明书是否相符，使用时，按说明书的规定配置，对使用中的显、定影液应注意检查，当效力下降时应及时补充或更换。

8.3　射线检测工作工艺的管理

检侧工艺管理包括工艺的制定，包括编写工艺规程和操作指导书，工艺的执行和监督，新工艺的鉴定，例外检测的专用工艺制定等。

检测工艺的管理十分重要，一方面，错误的工艺文件可能造成大批量的不合格产品，导致严重后果；另一方面，错误的工艺参数或偏离正确工艺文件的错误操作可能引起无法察觉的失误。例如，选择了不合适的很小的焦距值，虽然底片上的像质计灵敏度满足要求，但细小裂纹却可能漏检；又如未按工艺规定使主射线束垂直于工件表面，透照角度过大，可能底片上看不出异常，但裂纹漏检的可能性却增大了。因此，正确制定工艺和严格执行工艺都是十分重要的。

8.4　射线检测工作环境的管理

环境包括：透照场地、办公场地、暗室、评片室等。

透照室设计应符合国家有关规定，启用前应进行安全剂量测试合格并报环保部门的备案后方可使用。透照室应设置各种安全防护装置，包括报警装置、工作信号灯、安全联锁装置等。透照室入口处设置放射性标志。

现场X射线透照时应设定控制区和监督管理区，控制区边界应悬挂"禁止进入放射性工作场所"标牌。

8.5　射线检测工作报告、底片及原始记录控制和档案管理

8.5.1　射线检测工作报告的管理

射线检测工作报告：应由Ⅱ级或Ⅲ级人员出具，应按有关规定经审核和批准签字，并盖单位印章，在管理文件中应作相应的规定。

检测报告采用规定的格式，内容完整，经批准后方可使用。

检测报告应逐项填写，字迹清楚，表达明确，用数字表达的检测项目应填写实测数据，计量单位均应采用法定计量单位。

无损检测报告的编制、审核应符合相关法规或标准的规定。

无损检测报告的保存期应符合相关法规标准的要求，且不得少于7年。

8.5.2　射线检测工作记录的管理

原始记录的填写保证真实性，透照条件记录必须是实际操作的数据，不得抄录操作指导书上规定的数据。原始记录与检测报告应具有一致性。

射线检测记录应准确、完整、有效，并经相应责任人员签字认可。

射线检测记录的保存期应符合相关法规标准的要求，且不得少于7年。7年后，若用户需要可将原始检测数据转交用户保管。

8.5.3 射线检测工作底片的管理

底片评定后，理顺编号存档。应建台账，以便查找。底片存放一般将底片垂直放于架上，不得平放或堆叠，以防受压变形变质，室内的温度湿度应适宜以防霉变。

8.6 射线检测工作档案的管理

检测单位应建立完整的射线检测档案。射线检测工作档案至少应包括以下内容：

（1）射线检测委托单或检验检测合同；

（2）射线检测工艺文件；

（3）射线检测记录；

（4）射线检测报告。

第 9 章　无损检测相关法规及射线检测标准

目前特种设备无损检测的标准可以分为人员要求、工艺要求、实施要求等模块。

9.1 《特种设备无损检测人员考核规则》（TSG Z8001-2013）

《规则》考虑了特种设备无损检测技术发展情况、趋势和应用的现状，主要对特种设备无损检测人员的考试方法（项目）和级别、考试方式和科目设置、证书的换证方式与内容、考试的组织主体与方式进行了规定,目的是规范特种设备无损检测人员考核工作的目的。

根据《规则》考核合格，检测人员可取得的相应级别的《检测人员证》，《检测人员证》的有效期为4年。有效期满需要继续从事无损检测工作的，应当按照本规则规定的时间及时办理延续手续（换证）。

I级检测人员应当具备以下能力：

（1）正确调整和使用检测仪器；

（2）按照无损检测作业指导书或者工艺卡进行检测操作；

（3）记录检测数据，整理检测资料；

（4）遵守有关安全防护规则。

无损检测人员的考试方式，包括理论笔试和实际操作技能考试。检测人员的考试方式如表9-1所示。

表9-1　检测人员考试方式

考试方式		级　别		
		Ⅰ级	Ⅱ级	Ⅲ级
笔试	闭卷	√	√	√
	开卷	—	√	√
实际操作技能考试		√	√	√

检测人员考试命题方式如表9.2所示。不能按照表2命题的考试机构，考试前应当向发证机关提出变更命题方式的申请。

表9.2 检测人员考试命题方式

考试方式		级 别		
		Ⅰ级	Ⅱ级	Ⅲ级
笔试	闭卷	全国统一的题库，计算机考试	全国统一的题库或者卷库，计算机或者纸质试卷	全国统一的卷库，纸质试卷
	开卷	—	全国统一的卷库，纸质试卷	全国统一的卷库，纸质试卷
实际操作技能考试		Ⅰ级、Ⅱ级和Ⅲ级取证的实际操作技能考试采用全国统一的考试程序和评定标准。各考试机构的考试试件需要经过发证机关认定，其品种、数量、缺陷性质与分布，应当符合规定要求。考试试件和培训试件应当同类同型，分别保管；考试试件应当严格保密，不得用作培训		

注：（1）考试评分采用百分制，合格标准均为70分，笔试和实际操作技能考试均达到合格标准的人员，方可申请《检测人员证》；

（2）考试成绩未达到合格标准的允许补考，考试单科合格成绩有效期为2年，在有效期内所规定的笔试和实际操作技能考试均达到合格标准的人员，方可申请《检测人员证》。

9.2 工艺要求

目前无损检测的工艺标准比较多，特种设备承压设备需要按照《承压设备无损检测》（NB/T 47013-2015）实施。

9.2.1 《承压设备无损检测》目前分为13个部分

第1部分：通用要求

第2部分：射线检测

第3部分：超声检测

第4部分：磁粉检测

第5部分：渗透检测

第6部分：涡流检测

第7部分：目视检测

第8部分：泄漏检测

第9部分：声发射检测

第10部分：衍射时差法超声检测

第11部分：X射线数字成像检测

第12部分：漏磁检测

第13部分：脉冲涡流检测

9.2.2 《承压设备无损检测 第2部分：射线检测》（NB/T 47013.2–2015）

本部分有8个章节和12附录构成：

第一章　范围

第二章　规范性引用文件

第三章　术语和定义

第四章　一般要求

第五章　检测工艺及其选择

第六章　承压设备熔化焊焊接接头射线间结果评定和质量分级

第七章　承压设备管子及压力管道熔化焊环的焊接接头射线检测结果评定和质量分级

第八章　检测记录和报告

习　题

判　断　题

第一部分

第 1 章

1.应力是单位面积上受到的外力（　）

2.因受外力而在物体内部形成的附加内力即是我们通常所说的内力（　）

3.应力是用来表示内力的强度的（　）

4.构件外形尺寸发生突然变化时会引起构件局部应力急剧增大的现象是应力集中的一种表现（　）

5.材料的力学性能包括物理性能、化学性能（　）

6.材料的力学性能就是材料抵抗变形的能力（　）

7.金属的强度是指金属抵抗永久变形和断裂的能力（　）

8.通过金属拉伸试验可以测定材料的强度指标，无法测定材料的塑性指标（　）

9.硬度是材料抵抗塑性变形的能力（　）

10.塑性可以用来标准材料抵抗冲击载荷的能力（　）

11.钢热处理的基本工艺就是加热、保温和冷却三个阶段构成（　）

12.钢退火热处理的目的是提高塑性（　）

13.正火处理的目的主要为改善母材及焊缝的综合机械性能（对）

14.淬火是将钢加热到相变临界温度以下30～50℃（　）

15.奥氏体不锈钢的固溶处理需要把钢加热到700～800℃（　）

16.低碳钢的碳含量不超过0.25%（　）

17.低合金钢合金元素总量不超过5%（　）

18.碳、锰、硅都是钢中的有害元素（　）

19.硫、磷是钢中的有害元素（　）

20.奥氏体不锈钢不会腐蚀（　）

21.奥氏体不锈钢具有良好的塑性和韧性（　）

22.奥氏体不锈钢发生晶间腐蚀是因为晶间贫铬造成（　）

第 2 章

23.焊接结构上的接头是按照被连接结构之间的相对位置及组成的几何形状来分的（　）；

24.搭接接头需要开坡口才能实施焊接（　）

25.对接接头是最合理、最常见的焊接接头形式（　）

26.对接接头不存在应力集中的问题（　）

27.T字接头是一种特殊的角接接头（　　）

28.焊接接头薄弱部位在熔合区和热影响区（　　）

29.焊接变形对焊接质量是不利的（　　）

30.焊接应力与变形往往使焊接产品质量下降（　　）

31.焊接应力与变形指的是焊接的残余应力与残余变形（　　）

32.钢材的焊接性是指获得优质焊接接头的难易程度（　　）

33.焊前预热能够改变钢材焊接性，并不能改善焊接接头质量（　　）

34.焊前预热的目的主要是提高焊接温度（　　）

35.焊接后立即对焊件的全部(或局部)进行加热的工艺就是焊接后热（　　）

36.焊接后热的目的是焊接工件缓慢冷却（　　）

37.消氢处理是一种焊接后热形式（　　）

38.焊后热处理的目的是改善焊接接头性能或消除残余应力（　　）

39.低碳钢含碳量低，所以其工艺焊接性比较差（　　）

40.一般焊前不需要预热，但对大厚度构件或在低温环境下焊接，应当适当预热（　　）

41.奥氏体不锈钢由于合金含量比较高，焊接性较差（　　）

第3章

42.无损检测技术发展的第一个阶段是无损检测，主要目的是探测和发现缺陷、结构、性质、状态（　　）

43.无损评价是无损检测发展的第三个阶段（　　）

44.要检查高强钢焊缝有无延迟裂纹，无损检测实施时机放在热处理之后进行（　　）

45.钢板的分层缺陷因其延伸方向与板平行，比较适合用射线检测（　　）

46.产生咬边的主要原因是电弧热量太高,即电流太大,运条速度太慢所造成的（　　）

47.坡口尺寸过大，容易造成夹渣的形成（　　）

48.焊缝中的夹渣和气孔对焊接接头的危害相当（　　）

49.焊接线能量过小、焊接速度过快容易造成焊缝中夹渣（　　）

50.特定腐蚀介质中的金属材料在压应力作用下产生的裂纹称为应力腐蚀裂纹。（　　）

第二部分

第 1 章

51.红外线、可见光、紫外线是电磁波，X射线和γ射线不是电磁波（　　）

52.X射线和γ射线的波长相当（　　）

53.X射线和γ射线具有波粒二象性，能够发生反射和折射，折射也可以较大的改变方向，但是一般不能发生镜面反射（　　）

54.γ射线的波长小于X射线的波长（　　）

55.X射线与γ射线都具有辐射生物效应，能够杀伤生物细胞，破坏生物组织（　　）

56.韧致辐射，是指高速电子骤然加速时产生的辐射（　　）

57.X射线谱有连续谱和标识谱两部分组成（　　）

58.标识谱的谱峰所对应的波长位置完全取决于靶材料本身（　　）

59.管电压越高，平均波长越长（　　）

60.X射线的最短波长只与管电压有关，不受其它因素的影响（　　）

61.X射线的强度由光子的能量决定（　　）

62.X射线的强度与管电压的大小成正比，与管电流的平方成正比（　　）

63.靶材料的原子序数越高，核库仑场越强，韧致辐射作用越强，X射线的强度也可能越大（　　）

64.标识X射线是在连续谱的基础上叠加若干条具有一定波长的谱线，它和可见光中的单色光相似，亦称单色X射线（ ）

65.放射性同位素衰变掉原有核数一半所需时间，称为半衰期（ ）

66.钴60的半衰期是53天（ ）

67.一种放射性同位素可能放出许多种能量的γ射线，取最大能量的数值为该同位素的辐射能量（ ）

68.射线与物质作用中，光电效应、电子对效应为散射作用（ ）

69.射线与物质作用中，康普顿效应、瑞利散射为散射作用（ ）

70.窄束射线的含义就是从集合尺寸上说，是"细小"的一束射线（ ）

71.窄束射线不包括散射成分的射线束（ ）

72.相同能量光子组成的辐射束流，又称为单能辐射（ ）

73.半价层是指使入射线数量减少一半的吸收物质厚度（ ）

74.X射线或γ射线照射胶片时，与普通光线一样，能使胶片乳剂层中的卤化银产生潜象中心，即使胶片感光（ ）

75.射线照相法用底片作为记录介质，可以直接得到缺陷的直观图象，且可以长期保存，这是射线照相法无损检测的优点（ ）

76.射线照相法无法检测出裂纹类面积型缺陷（ ）

77.射线照相法检测薄工件没有困难，但检测厚度上限受射线穿透能力的限制（ ）

第 2 章

78.移动式X射线机体积和质量都比较大，其高压发生部分和X射线管共同装在射线机头内（ ）

79.X射线机的高压发生部分和控制箱间，需用高压电缆连接（ ）

80.一般油绝缘的X射线机为便携式X射线机（ ）

81.管道爬行器用焊缝外放置的一个小同位素γ射源确定位置（ ）

82.阳极是X射线管中发射电子的部分（ ）

83.X射线管中的灯丝的加热电流与灯丝发射电子的能力没有关系（ ）

84.阴极是F发射X射线的部位（ ）

85.一般X射线机由四部分组成：高压部分，冷却部分，保护部分和控制部分（ ）

86.X射线机管电压调节一般是通过调整高压变压器的初级侧并联的自耦变压器的电压来实现（ ）

87.X射线管管电流调节是通过调节灯管电压来实现的（ ）

88.射线检测是，控制箱应可靠节点（ ）

89.放射性活动定义为γ射线源在单位时间内发生的衰变数（ ）

90.放射性活度相同，也并不表示它们在单位时间内辐射的下射线光量子数目相同（ ）

91.比活度不仅表示放射源的放射性活度，而且表示了放射源的纯度（ ）

92.γ射线机按机体结构可分为直通道形式和"S"通道形式口（ ）

93."S"通道的γ射线机的"S"通道设计装置是基于辐射是以源为始点以直线向外传播的原理设计的（ ）

94.直通道型机体比"S"通道机体重，体积也大（ ）

95.换源器是用于γ射线机也可用于源的运输和储存（ ）

96.γ射线机机体上设各种安全联锁装置可防止操作错误（ ）

97.γ射线机机的输源管是两端开口的金属软件，一端接到机体源输出口，一端放在曝光焦点的位置（ ）

98.铺设γ探伤设备输源管时，输源管如得不弯曲时，弯曲半径应不小于1000mm（ ）

99.γ射线探伤设备组装输源管时，一般输源管不得多于5根（ ）

100.γ射线探伤设备组铺设控制缆的时，其弯曲半径不得小500mm，更小的弯曲半径可能妨碍控制缆的运动（ ）

101.γ射线探伤设备安全联锁是由安全锁、防护盖、选择环、锁紧锁、定位爪等零件组成（ ）

102.机械零件损坏是γ射线探伤设备故障的主要原因（ ）

103.射线底片上的影像是由许多微小的黑色金属银微粒所组成，影像各部位黑化程度大小与该部位被还原的银量多少有关（ ）

104.黑度用来描述底片的黑化程度（ ）

105.黑度的定义公示为：黑度=lg（透射光强/照射光强）（　）

106.胶片特性曲线是表示相对曝光量与底片黑度之间关系的曲线（　）

107.非增感型胶片的"曝光过渡区"通常不再描绘在特性曲线上（　）

108.一般把射线底片上产生一定黑度所用曝光量的定义为感光度（　）

109.底片的灰雾度由两部分组成：片基光学密度和胶片乳剂经化学处理后的固有光学密度（　）

110.胶片系统的分类主要以感光特性，即胶片粒度和感光速度为依据来划分（　）

111.工件厚度较小、工件材料等效系数较低或射源线质较硬时，可选用梯噪比较大的胶片（　）

112.需要较高的射线照相质量，则需使用梯噪比较小的胶片（　）

113.需缩短曝光时间，可使用梯噪比较大的胶片（　）

114.胶片裁剪时，裁片时应把胶片的衬纸取掉裁切（　）

115.装片和取片时，如果胶片被擦伤，显影后底片上会产生黑线（　）

116.胶片应有良好的保存条件，应尽可能保持环境干燥（　）

117.胶片保管，应保持竖放（　）

118.射线照相底片的黑度均用透射式黑度计测量（　）

119.射线底片上的影像主要是靠胶片乳剂层吸收射线产生光化学作用形成的（　）

120.金属增感屏能增感是由于金属屏在射线的照射下，能产生波长较长的可见光（　）

121.铅箔的表面比较柔软，如有划伤或者开裂，由于发射二次电子的表面积增大，会使底片上出现类似裂纹的细白线（　）

122.铅箱表向有了油污，会吸收二次电子，形成减感现象，使底片上产生白影（　）

123.增感屏表面出现黑线条，在底片上则产生白线条（　）

124.丝型像质计以6根编号相连接的金属丝为一组，每个像质计中所有金属线由相同的材料组成（　）

125.按金属丝的直径变化规律，分为等差列、等比列、等径、单丝等几种形式，目前普遍采用等差列（　）

126.像质计必须放在射源侧的表面（　）

127.不利部位能达到规定的灵敏度，一般认为有利部位就更能达到（　）

128.暗袋背面还应贴上铅质"B"标记，以此作为监测背散射线的附件（　）

129.暗袋要求对射线吸收少而遮光性好（　）

第 3 章

130.评价射线照相影像质量最重要的指标是底片黑度（　）

131.使用的像质计丝径固定，故像质计灵敏度可认为是自然缺陷灵敏度（　）

132.像质计灵敏度很高，各类缺陷都可以发现（　）

133.面积型缺陷在射线照相法检测中能够检测出，与透照方向有关（　）

134.在射线照相底片上所能发现的沿射线穿透方向上的最小缺陷尺寸称为绝对灵敏度（对）

第 4 章

135.确定的X射线和γ射线探伤设备，都对透照厚度的上限和下限都进行了规定（　）

136.管电压越高则射线的质越硬，在试件中的衰减系数越小，穿透厚度越大（　）

137.管电压越大，X射线检测时的穿透力就越大，所以用尽可能选择较大的管电压（　）

138.射线检测中，较大对比度会牺牲厚度的宽容度（　）

139.γ射线检测的穿透力取决于放射源活度（　）

140.透照工件厚度超过40mm时，用X射线机或Ir192射线透照所得像质计灵敏度相当（　）

141.就射线检测的曝光时间长度而言，一般X射线和γ射线相当（　）

142.X射线检测的底片黑度不够，可能是管电压不够（　）

143.如果管电压不够，可采用延长曝光时间的方法来得到符合要求的底片（　）

144.X射线检测时，在保证穿透力的前提下，选择能量较低的X射线。（　　）

145.底片有较高的对比度，能增加透照的厚度宽容度（　　）

146.在底片黑度不变的前提下，提高管电压便可以缩短曝光时间（　　）

147.焦距对射线照相灵敏度的影响主要表现在固有不清晰度上（　　）

148.射线检测的几何不清晰度，改变焦点尺寸或者改变焦距，能取到相同的效果（　　）

149.增大焦距，可以得到较大的有效透照程度（　　）

150.为得到较大的一次透照长度和较小的横向裂纹检出角，在采用双壁单影法透照环缝时，往往选择较大的焦距（　　）

151.增大焦点至胶片距离，有利于提高射线照相的照相质量，但需要增加曝光时间（　　）

152.一般可以认为互易律可引申为底片黑度只与总的曝光量相关，而与辐射强度和时间分别作用无关（　　）

153.采用增感屏时，射线照相中的曝光量和管电流和曝光时间的乘积之间不遵守互易律（　　）

154.从一点源发出的辐射，强度I与距离F的平方成反比（　　）

155.射线检测中，给定管电压，射线强度I仅与管电i成正比（　　）

156.曝光曲线的基准黑度为3.5，则应该以焊缝处的厚度为透照厚度来使用曝光曲线（　　）

第 5 章

157.为便于工作，暗室的干区与湿区的布置应尽可能近些（　　）

158.暗室的干燥区应布置在干区（　　）

159.暗室进口处应设置过渡间和双重门（　　）

160.暗室中冲洗胶片的设备的摆放次序应与操作次序一致（　　）

161.工业射线胶片具有感色性，对红色或橙色部分敏感（　　）

162.可以利用胶片在暗室安全灯下曝光，然后对显影处理并观察黑度的方式来测试安全灯质量（　　）

163.暗室配液和显影操作时测量药液温度测量可用玻璃温度计（　　）

164.配液容器必须使用不锈钢容器（　　）

165.配液搅拌棒必须使用不锈钢材质（　　）

166.配液容器必须是金属容器（　　）

167.配液时宜先取总体积3/4的水量，待全部药品溶解后再加水至所要求的体积（　　）

168.配液搅拌棒必须是铜棒（　　）

169.配液时应按配方中规定的次序进行，待前一种药品溶解后方可投入下一种药品，切不可随意颠倒次序（　　）

170.配显影液时应快速从不同方向搅拌（　　）

171.暗室配好的药液应静置24h后使用（　　）

172.胶片手工处理过程按照先后可分为定影、显影、停显、水洗和干燥五个步骤（　　）

173.从增感屏中取曝光后的胶片装入洗片夹中后，放入显影液显影（　　）

174.胶片显影前应经过清水的预浸润，避免后续的显影不匀（　　）

175.显影时正确的搅动方法:每隔30s搅动一次（　　）

176.为了保证显影质量，显影后应马上进行定影（　　）

177.胶片处理的停显阶段应不间断地充分搅动停影液（　　）

178.暗室处理的定影总的时间即为"通透时间"（　　）

179.一般情况下，如果15分钟之内还不能使胶片定影通透，就需更换新的定影液（　　）

180.胶片处理的几个步骤中，水洗时间最长（　　）

181.手工冲洗和自动冲洗胶片宜在曝光后8小时内完成，最长不得超过24小时（　　）

182.采用参考值方法控制胶片处理是目前国际国内一致规定的控制胶片处理条件方法（　　）

第6章

183. 底片黑度不能太对是由于收到了观片灯亮度的限制（　）

184. 射线照相灵敏度是指在射线底片上可以观察到的最小缺陷尺寸或最小细节尺寸（　）

185. 射线照相灵敏度是指发现和识别细小影像的难易程度（　）

186. 底片的下限黑度是指底片两端焊缝余高中心位置的黑度（　）

187. 底片的上限黑度是指底片中部(中心处)焊缝两侧热影响区(母材)位置的黑度（　）

188. 底片上不可以有伪缺陷存在（　）

189. 暗袋背面应贴附一个"B"铅字标记是用来检查曝光量是否符合要求的（　）

190. 那些对显示缺陷不起作用的所有光进入人眼体，会使人眼辨别影像黑度差的能力下降（　）

191. 底片评定一般要求具有RT-Ⅰ级资格及以上证书人员担任（　）

192. 观片灯的光源颜色通常应是白色，也允许在橙色或黄绿色之间（　）

193. 底片评定时，焊缝以外的地方不在评定区内（　）

194. 观片灯亮度要可调，一方面就是因为由于余高的影响，焊缝和热影响区的黑度差异往往较大（　）

195. 观察底片的操作可分为两个阶段，通览底片和影像细节观察（　）

第7章

196. 照射量的概念适用于与所有射线对空气的效应（　）

197. 照射量可以作为剂量的计量单位（　）

198. 电离辐射与物质的相互作用实际是一种能量的传递过程（　）

199. 电离辐射与物质的相互作用结果是电离辐射的能量被物质所吸收，引起被照射物质的性质发生各种变化，其中有物理的、化学的、生物学的等（　）

200. 吸收剂量只适用于X射线和γ的电离辐射，适用于任何物质（　）

201. 吸收剂量决定了辐射所产生的生物效应的程度（　）

202. 同样的吸收剂量，对机体产生的生物效应相同（　）

203. 用辐射权重因子对吸收剂量进行修正，用以体现辐射种类和射线能量对辐射效应的相关性（　）

204. 辐射权重因子是用来对某组织或器官的平均吸收剂量进行修正的（　）

205. 用辐射权重因子修正的平均吸收剂量即为当量剂量（　）

206. 任一器官或组织，被X射线和γ射线照射后的吸收剂量和当量剂量在数值上是相等的（　）

207. 对X射线和γ射线，不管能量多高，辐射权重因子WR始终为1（　）

208. 小剂量慢性照射，在这种条件下引起的辐射效应主要是随机性效应（　）

209. 通过组织权重因子修正当量剂量后能够更好地反映出受照组织或器官吸收射线后所受的危害程度（　）

210. 组织权重因子的总和总是小于1（　）

211. 辐射监测的内容主要是防护监测，按监测的对象可分为工作场所辐射监测和个人剂量监测两大类（　）

212. 在场所辐射监测中，有用射线束的照射场内辐封水平很高，而一般散、漏射线的辐射水平较低（　）

213. 对所有受到职业照射的人员均必须进行个人监测（　）

214. 任何在控制区工作的工作人员均应进行个人监测（　）

215. 根据剂量水平划分控制区和监督（管理）区（　）

216. 半导体探测器、电离室、正比计数器和G—M计数管统称为气体电离探测器（　）

217. 电离室探测器分辨时间太长，对γ射线探测效率较低（　）

218. 闪烁探测器的优点是对γ射线探测效率高，灵敏度比G—M计数管高（　）

219. 电离室探测器是利用某些物质在辐射作用下会发光的特性来探测辐射（　）

220. 半导体探测器的工作原理与气体电离室探测器大不相同（　）

221. 半导体探测器的能量分辨能力很高，比闪烁探侧器还要高数十倍（　）

222.个人剂量笔（个人剂量计），实际上是一种半导体探测器（　　）

223.个人剂量笔（个人剂量计）是目前使用较多的个人剂量检测仪（　　）

224.热释光剂量计是固体发光剂量计，荧光玻璃剂量计不是固体发光剂量计（　　）

225.热释光剂量元件，一经加热读数，其内部储存的辐射信息随即消失，因而它不具备复测性，不可重复投入使用（　　）

226.目前个人使用较多的个人辐射监测仪是固体剂量仪（　　）

227.采用合适的防护措施，电离辐射是能够完全避免的（　　）

228. 根据《电离辐射防护与辐射源安全基本标准》（GB18871-2002），任何工作人员在任何一年中的有效剂量的限值为100mSv（　　）

229.根据《电离辐射防护与辐射源安全基本标准》（GB18871-2002），眼晶体的年当量剂量的限值为100mSv（　　）

230.根据《电离辐射防护与辐射源安全基本标准》（GB18871-2002），四肢（手和足）或皮肤的年当量剂量限值为500mSv（　　）

231.根据《电离辐射防护与辐射源安全基本标准》（GB18871-2002）年龄为16岁-18岁在学习过程中需要使用放射源的学生的职业照射限值的年有效剂量为10mSv（　　）

232.根据《电离辐射防护与辐射源安全基本标准》（GB18871-2002）年龄为16岁-18岁在学习过程中需要使用放射源的学生的眼晶体的年当量剂限值为50mSv（　　）

233.根据《电离辐射防护与辐射源安全基本标准》（GB18871-2002），特殊情况下，可将剂量平均期由5个连续年破例延长到10个连续年（　　）

234.根据《电离辐射防护与辐射源安全基本标准》（GB18871-2002），剂量限制的临时变更应遵循审管部门的规定，但任何一年内不得超过50mSv，临时变更的期限不得超过5年（　　）

235.辐射生物效应可以表现在受照者本身，也可以出现在受照者后代（　　）

236.电离辐射引起的辐射生物效应，可以分为随机效应与非随机效应（确定性效应）两类（　　）

237.电离辐射引起的辐射生物效应中的随机效应要在剂量超过一定的阈值后才能发生（　　）

238.随着剂量越大，电离辐射引起的辐射生物效应中的非随机效应的发生率越大，但效应的严重程度与剂量大小无关（　　）

239.辐射防护的目的是在于控制辐射对人体的照射，避免人员收到照射（　　）

240.剂量或剂量率与离源的距离平方成反比（　　）

241.无论何时何种情况，不得用手直接抓取放射源（　　）

242.屏蔽X射线和γ射线常用的材料有两类:一类是高原子序数的金属，另一类是低原子序数的建筑材料（　　）

第8章

243.设备状态分为三种：合格、准用、停用（　　）

244.停用到超过有效期的仪器设备重新取用，可暂不计量检定（　　）

245.射线检测记录的保存期应符合相关法规标准的要求，且不得少于7（　　）

选 择 题

第一部分

第1章

1.下列关于应力的描述，错误的是（　　）

A.应力是截面上单位面积上的内力　　　B.正应力可分为拉应力和压应力两种

C.方向垂直于轴向的应力为切应力

D.所有的应力都可以描述成两个应力的组合

2.关于应力集中，下列说法中，错误的是（　　）

A.食品包装袋上的锯齿，是利用应力集中的表现　　　B.切割玻璃时先用金刚石划痕，是利用应力集中的表现

C.构件上的角越尖锐，应力集中越不明显　　　D.构件上开孔是，应采用圆形、椭圆形

3.关于力学性能，下来说法错误的是（　　）

A.金属材料的力学性能指标表征金属在各种形式外力作用下抵抗变形或破坏的能力

B.金属材料的力学性能包括常温下的强度、塑性、硬度、韧性等

C.可以通过金属力学性能试验来测定金属力学性能指标　　　D.力学性能是材料使用性能的唯一指标

4.不属于材料力学性能指标的是（　　）

A.强度　　　B.硬度　　　C.密度　　　D.塑性

5.关于金属强度的说法，正确的是（　　）

A.金属的强度能说明金属抵抗断裂的能力　　　B.金属的强度能说明金属抵抗变形的能力

C.可以通过金属拉伸试验来测定金属材料的硬度指标　　　D.一般情况下金属材料在屈服阶段之前，材料满足虎克定律

6.下来关于特种设备的热处理，错误的是（　　）

A.钢热处理常见工艺有退火、正火、淬火、回火等

B.钢退火热处理的目的是改善母材及焊缝的综合机械性能，提高韧性和塑性，细化晶粒，消除冷作硬化，便于加工

C.料通过淬火获得马氏体组织，可以提高其硬度和强度　　　D.回火的主要目的是降低材料的应力，提高韧性

7.下列关于低碳钢的说法中，错误的是（　　）

A.低碳钢的碳含量≤0.25%　　　B.低碳钢中碳含量增加会增加钢的强度

C.低碳钢种碳含量增加会降低钢的塑性和韧性　　　D.锰、硅、硫、磷是低碳钢中的有害元素

8.下列关于奥氏体不锈钢的说法中，错误的是（　　）

A.奥氏体钢在合适的条件下，会出现晶间腐蚀与点蚀

B.解决晶间腐蚀的措施有选用高碳和加钛或铌的奥氏体钢奥氏体不锈钢

C.可以通过固溶处理和稳定化处理来提高奥氏体不锈钢的抗晶间腐蚀能力　　　D.点腐蚀是一种局部腐蚀

第2章

9.下列关于焊接接头的说法中，错误的是（　　）

A.焊接接头包括焊缝、熔合区和热影响区三个部分　　　B.焊缝是构件经焊接后形成的结合部分

C.焊缝金属由焊材组成　　　D.热影响区在母材上

10.下列关于焊缝余高的说法中,错误的是( )

A.焊缝余高使焊缝部位的受力截面增大　　B.焊缝余高增加整个焊接接头的强度

C.焊缝余高使焊接接头的疲劳强度下降　　D.焊缝余高不是越高越好

11.关于钢材的焊接性,说法错误的是( )

A.钢材的焊接性是指在特定条件下获得优质焊接接头的难易程度

B.钢材的焊接性分为工艺焊接性和使用焊接性

C.工艺焊接性一般是指抗裂性　　D.使用焊接星一般是指抗断性

12.下列不属于提高焊接接头质量可以采取的措施的是( )

A.实施高精度的无损检测　　B.合理选用焊接材料　　C.采取合理的焊接工艺　　D.进行必要的焊接预热与后热

13.关于焊接预热,说法错误的是( )

A.预热是指焊前对焊件整体或者局部进行适当加热的工艺　　B.预热工艺的主要目的是减小焊接接头焊后的冷却速度

C.预热是避免产生淬硬的组织和减小焊接应力与变形,是防止焊接裂纹的有效办法

D.预热的温度一般选择在350-450℃间

14.下列关于焊接预热,说法不正确的是( )

A.增大了焊接区的温度梯度　　B.扩大了焊接去的温度场　　C.改变了焊接区应力集中

D.延长焊接区在100℃以上温度的停留时间,有利于氢从焊缝中逸出

15.焊后后热的作用不包括( )

A.碳当量越大,后热下限温度越低　　B.减少残余应力　　C.改善组织,降低淬硬性　　D.减少扩散氢

16.下列关于焊接性的描述,正确的是( )

A.一般低合金钢比低碳钢有更好的工艺焊接性　　B.低碳钢焊接接头的热影响区有淬硬倾向

C.低合金钢焊接很少出现热裂纹　　D.低合金钢焊接时易产生焊接冷裂纹

17.下列关于奥氏体不锈钢焊接的说明中,错误的是( )

A.不容易出现热裂纹　　B.奥氏体不锈钢焊接一般不需要特殊的工艺措施

C.奥氏体不锈钢出现晶间腐蚀的原因是因为存在晶间"贫铬区"

D.奥氏体不锈钢导热系数小(仅为低碳钢的1/2),而膨胀系数比低碳钢大50%左右

18.防止晶间腐蚀,奥氏体不锈钢焊接时刻采取的措施中,不包括( )

A.使焊缝形成双向组织　　B.严格控制含碳量　　C.添加稳定剂　　D.采用大电流,慢速焊的焊接工艺。

19.下列关于奥氏体不锈钢焊接的说法中,错误的是( )

A.焊缝形成奥氏体加铁素体双相组织,可以防止热裂纹和晶间腐蚀

B.减少母材和焊缝的含碳量,可以防止热裂纹和晶间腐蚀

C.焊后可将焊接接头加热到1050-1100℃进行固溶处理,也可将焊接接头加热到850-900℃进行稳定化退火,可以防止晶间腐蚀

D.采取缓冷措施,可以防止热裂纹

第3章

20.关于无损检测,说法错误的是( )

A.不损坏检测对象　　B.采用物理或化学的方法

C.可以对检测对象的内部及表面的机构进行检测　　D.不能对检测对象的性质或状态进行检测

21.下列关于无损检测技术发展阶段,错误的是( )

A.快速化、标准化、数字化、程序化、规范化是无损检测技术的发展趋势

B.无损检查(NDI)的主要任务是探测和发现缺陷

C.损检测工作不但要进行产品的最终检验,还要测量过程工艺参数

D.目前所说的无损检测大多指无损评价

22.无损检测的目的不包括( )

A.提高生产效率　　B.保证产品质量　　C.保障使用安全　　D.改进制造工艺

23.无损检测的应用特点，下列错误的是（　　）

A.无损检测可以替代破坏性检测　　B.正确选用实施无损检测的时机

C.选用最适当的无损检测方法　　D.综合应用各种无损检测方法

24.关于焊接咬边，说法错误的是（　　）

A.焊角焊缝时，用直流焊也能有效地防止咬边　　B.咬边会造成应力集中，发展为裂纹源

C.产生咬边的主要原因是电弧热量太高　　D.焊条与工件间角度不正确，摆动不合理，电弧过长容易造成咬边

25.关于焊接气孔，说法错误的是（　　）

A.气孔是焊接时，熔池中的气体在凝固时未能逸出而残留下来而在焊缝中所形成的空穴

B.氢气孔还会引起氢脆产生冷裂纹

C.用偏小的焊接规范可防止气孔　　D.采用碱性焊条、焊剂，并彻底烘干可防止气孔

26.关于裂纹，下面说法错误的是（　　）

A.根据裂纹发生的部位，可分为纵向裂纹、横向裂纹、辐射状裂纹等　　B.焊接线能量过小、焊接速度过快

C.形成裂纹主要是冶金和力学两个方面的原因　　D.裂纹特别是冷裂纹是焊缝中危害性最大的缺陷

27.关热裂纹发生几率的影响因素纹，下面说法错误的是（　　）

A.碳元素及杂志S、P的含量，随其增加而产生机率增大　　B.随着冷却速度加快而增大

C.随着外加拘束应力增大而增大　　D.焊接温度升高而增大

28.关于再热裂纹，下列说法不正确的是（　　）

A.再热裂纹一般发生在熔合区　　B.碳钢与合金钢的再热裂纹的敏感温度区间为550~650℃

C.不锈钢再热裂纹的敏感温度区约是300℃

D.采用适当的焊前预热和焊后的后热处理，控制冷却速度是防止再热裂纹的措施

29.关于冷裂纹，下列说法不正确的是（　　）

A.产生与较低温度，一般出现在焊接热影响区或焊缝上，又称延迟裂纹　　B.焊接应力对冷裂纹的贡献度不大

C.淬硬组织存在，或是接头内有一定的含氢量，容易导致冷裂纹的产生

D.提高预热温度，减慢冷却速度是防止冷裂纹的措施

30.关于未焊透的说法，错误的是（　　）

A.使用较大电流来焊接是防止未焊透的基本方法　　B.未焊透的危害之一是减少了焊缝的有效截面积，使接头强度下降

C.未焊透引起的应力集中严重降低焊缝的疲劳强度　　D.增大坡口钝边尺寸，可防止未焊透

31.关于未熔合的说法，错误的是（　　）

A.未熔合和裂纹一样，属于面积性缺陷　　B.未熔合的危害性与裂纹相当

C.采用较大电流可防止未熔合　　D.注意坡口的清洁可防止未熔合

32.设备及零部件在使用中形成常见的缺陷不包括（　　）

A.热裂纹　　B.疲劳裂纹　　C.应力腐蚀裂纹　　D.奖金腐蚀

第二部分

第1章

33.下列关于X射线的产生的说法，错误的是（　　）

A.产生X射线的X射线管是一个真空管　　B.X射线管的阳极是钨丝，阴极是金属制成的靶

C.射线管中产生的电子，在高压电场中获得动能，撞击在金属靶上时，大部分转换为热能，少部分引发幅射放出X射线。

D.X射线管高压电厂中的电子形成了管电流

34.关于X射线管的谱线，下列说法不正确的是（　　）

A.连续X射线谱与可见光相似，亦称多色X射线

B.连续X射线的产生是由于X射线管中产生的大多数电子要经历多次碰撞，产生多次辐射

C.波长越长的X射线能量越大，穿透力越强，叫做硬X射线

D.波长最短的X射线是由电子一次碰撞就耗尽能量所产生的X射线

35.X射线的最短波长取决于下列哪一个？（　　）

A.管电流　　B.管电压　　C.靶材料　　D.管真空度

36.关于X射线的强度，说法错误的是（　　）

A.与辐射的光子的强度有关　　B.与辐射的光子的数量有关

C.连续X射线强度最大值在波长为2倍的最短波长处　　D.连续X射线谱中每条曲线下的面积表示连续X射线的总强度

37.关于标识X射线，下列说法错误的是（　　）

A.在工业射线检测中，标识谱不起作用　　B.每个特征射线都对应一个特定的波长，不同靶材的特征谱波长不同

C.只有当管电压超过激发电压时才能产生相应的特征谱线　　D.管电流和管电压V的增加能改变特征谱线的波长

38.关于X射线和γ射线，说法错误的是（　　）

A.不可见，能够穿透可见光不能穿透的物质　　B.在真空中以光速直线传播

C.本身不带电，不受电场和磁场的影响　　D.在媒质界面可以发生镜面反射

39.γ射线的能量取决于与下列哪一个因素？（　　）

A.源的种类　　B.源的活度　　C.源的衰变常数　　D.源的比活度

40.关于γ射线产生，下列说法错误的是（　　）

A.γ射线是从原子核内发出的　　B.γ射线的能量是由放射性同位素的种类所决定的

C.一种放射性同位素只能放出一种能量的γ射线　　D.γ射线的光谱称为线状谱，谱线只出现在特定波长的若干点上

41.下列放射性同位素中，半衰期最短的是（　　）

A.170Tm　　B.60Co　　C.75Se　　D.192Ir

42.下面哪一种源的半衰期最长？（　　）

A.Co60　　B.Se75　　C.Cs137　　D.Ir192

43.当窄束单色射线通过厚度为T的物质后，其射线强度的衰减规律是（　　）

A.I=Io e μ T　　B.I=Io e-μ T　　C.Io=I e-μ T　　D.I=Io e-2μ T

（式中：μ—线衰减系数；e—自然对数的底；Io—射线原有的强度；I—射线通过物质后的强度）

44.关于射线照相法的说法，下列错误的是（　　）

A.射线照相法是指用x射线或γ射线穿透试件后能量的变化来实施检测的　　B.不能材质，对射线能量的吸收能力不同

C.胶片能够记录并反映射线穿透物质后的能量变化情况　　D.射线底片上黑化程度最高地方，就是射线能量减少最多的地方

45.下列工件检测中，适宜采用射线照相法的是（　　）

A.铸件　　B.钢板　　C.钢管　　D.锻件

46.影响射线照相主因对比度的因素是（　　）

A.透照厚度T　　B.线衰减系数μ　　C.散射比n　　D.以上都是

47.连续X射线通过一定厚度物质后，其能量（　　）

A.减弱　　B.增加　　C.不变　　D.有时高、有时低

48.下列哪类工件一般不适宜采用射线检测方法进行检测（　　）

A.钢焊缝　　B.镍焊缝　　C.铸钢件　　D.锻钢件

49.下面哪个不是射线照相的优点？（　　）

A.薄工件检测灵敏度高　　B.缺陷图像直观

C.对裂纹、未熔合等面积型缺陷检测率高　　D.材料表面粗糙度对检测几乎没有影响

50.以下关于射线照相特点的叙述，哪个是错误的？（　　）。

A.判定缺陷性质、数量、尺寸比较准确　　B.检测灵敏度受材料晶粒度的影响较大

C.成本较高，检测速度不快　　D.射线对人体有伤害

51.射线照相难以检出的缺陷是（　　）

A.分层和折叠　　B.未焊透和裂纹　　C.气孔和夹渣　　D.咬边和内凹

第 2 章

52.下列X射线机中,穿透力最强的是( )

A.工频X射线机   B.恒频X射线机   C.变频X射线机   D.不一定

53.工频X射线机的工作频率范围是( )

A.50-60Hz   B.300-800Hz   C.200Hz   D.100Hz

54.关于X射线机,下列说法正确的是( )

A.定向X射线机辐射方向为40°左右的圆锥角   B.周向X射线机产生的X射线束向360°方向辐射

C.管道爬行器解决很长的管道环焊缝摄片而设计生产   D.以上都正确

55.关于阳极靶的说法,正确的是( )

A.阳极靶的作用是承受高速电子的撞击,产生X射线   B.阳极靶必须耐高温

C.工业射线照相检验用的X射线管,软X射线用钨靶   D.以上都正确

56.关于X射线管的说法中,错误的是( )

A.对250kV以上的管子,金属陶瓷管的尺寸可以做得比玻璃管小得多   B.电子的能量约有99%转换为热能传给阳极靶

C.阳极罩可以吸收一部分散射线   D.以上都不正确

57.关于X射线管的寿命,说法正确的是( )

A.玻璃管寿命一般不少于500h   B.金属陶瓷管寿命不少400h   C.使用负荷应控制在最高管电压的90%以内

D.X射线管的寿命一般指指射线管的辐射剂量率降为初始值的80%时的累积工作时限

58.X射线机的高压部分不包括( )

A.X射线管   B.高压发生器   C.高压电缆   D.控制箱

59.关于X射线机使用,下列说法错误的是( )

A.X射线机训机应该严格按照标准规定实施

B.一般玻璃管X射线机,训机可以从额定管电压的1/3开始,电流从2-3mA开始

C.X射线机的高压发生器应该可靠接地

D.电源电压应符合该X射线机说明书的要求,其波动值不得超过±10%的额定电压

60.关于X射线机的使用和维护,说法正确的是( )

A.射线机应摆放在通风干燥处   B.运输时要采取防震措施

C.保持清洁,防止尘土、污物造成短路和接触不良   D.以上都对

61.下列说法正确的是( )

A.不同的放射性同位素在一个核的衰变中放出的了射线光量子数目可能不同

B.每个原子核的衰变都会放出γ射线光子

C.放射性活度大的源,其辐射的γ射线强度也大   D.以上都正确

62.γ射线检测设备的优点不包括( )

A.探测厚度大,穿透能力强   B.体积小,质量轻,不用水、电,特别适用于野外作业   C.防护要求低   D.以上都不是

63.关于γ射线检测,说法不正确的是( )

A.γ射线源都有一定的半衰期   B.固有不清晰度比X射线大   C.放射强度法进行调节   D.设备故障率高

64.关于γ射线探伤的说法,错误的是( )

A.γ射线探伤设备分类方式一般可按所装放射性同位素种类、机体结构来分类和便携程度来分类

B.Tm170γ射线探伤机和Yb169γ射线探伤机在轻金属及薄壁工件的探伤具有优势

C.γ射线探伤设备的源组件由放射源物质、包壳和辫子组成

D.γ射线探伤设备的驱动机构是γ射线探伤设备的最主要组件

65.γ射线探伤中,关于设备故障的说法中,正确的是( )

A.机械零件损坏是γ射线探伤设备故障的主要原因   B.安全联锁一般很少出现故障

C.阳接头采用高强度合金钢是为了防止阳接头脖子拉断或阳接头从阴接头中脱出   D.以上都正确

66.关于射线胶片的说法,错误的是( )

A.射线胶片同一般的感光胶片一样，在胶片片基的一面涂布感光乳剂层，在片基的另一面涂布反光膜

B.为改善照明下的观察效果，通常射线胶片片基采用淡蓝色

C.胶片结合层的作用是使感光乳剂层和片基牢固地粘结在一起

D.胶片感光乳剂中卤化银的含量、卤化银颗粒团的大小、形状，决定了胶片的感光速度

67.已知观片灯亮度为100 000cd/㎡，用来观察黑度为3.5的底片，底片的光强为（   ）

 A.51.6 B.41.6 C.31.6 D.21.6

68.射线胶片的感光特性主要不包括（   ）

 A.感光度（S） B.灰雾度（D。） C.梯度（G） D.黑度（D）

69.关于增感型胶片特性曲线的说法，不正确的是（   ）

 A.在曝光迟钝区，曝光量增加，底片黑度不增加 B.在曝光正常区，黑度值随曝光量对数的增加而呈线性增大

 C.在曝光过渡区，曝光量继续增加时，黑度减小 D.以上都不正确

70.关于胶片分类的说法，正确的是（   ）

 A.以胶片系统而不是以胶片作为分类主体 B.以成像特性而不是以感光特性作为分类依据

 C.以明确的数据指标而不是含混的术语来划分类别 D.以上都正确

71.胶片系统的组合因素，主要包括（   ）

 A.胶片 B.增感屏（材质、厚度） C.冲洗条件（方式、配方、温度、时间）的 D.以上都是

72.关于胶片分类所依据的成像特性，不正确的是（   ）

 A.D=2.0和D=4.0时的最小梯度Gmin B.D=2.0时的最大颗粒度（σ0）max

 C.及D=2.0时的最小梯度噪声（G/σ0）min（以上黑度指净黑度），即在本底灰雾度D0以上的光学密度）

 D.以上都不正确

73.关于胶片选用，下列说法不正确的是（   ）

 A.需要较高的射线照相质量，则需使用梯噪比较大的胶片。 B.需缩短曝光时间，可使用梯噪比较大的胶片

 C.工件厚度较小、工件材料等效系数较低或射源线质较硬时，可选用梯噪比较大的胶片

 D.在工作环境比较干燥时，宜选用抗静电感光性能较好的胶片

74.关于增感屏的说法中，正确的是（   ）

 A.金属增感屏的底片质量最好 B.荧光增感屏的底片质量最好 C.金属增感屏的增感效果最好 D.以上都正确

75.关于增感系数的说法，正确的是（   ）

 A.增感性能用增感系数Q表示，亦称增感率或增感因子

 B.增感系数可用不用增感屏时的曝光时间t。与使用增感屏时的曝光时间t之比来表示

 C.增感系数可用不用增感屏的曝光量E0与使用增感屏时的曝光量E之间的比值

 D.以上说法都正确

76.关于像质计，下列说法不正确的是（   ）

 A.像质计是用来检查和定量评价射线底片影像质量的工具

 B.像质计通常用与被检工件材质相同或对射线吸收性能相似的材料制作

 C.工业射线照相用的像质计有金属丝型、孔型和槽型集几种 D.以上说法都不正确

77.关于像质计的，说法不正确的是（   ）

 A.在摆放像质计时，摆放位置一般是在射线透照区内显示灵敏度较低部位

 B.透照焊缝时，一般金属丝像质计应放在被检焊缝射源一侧

 C.像质计上直径小的金属线应在被检区内侧 D.平板孔型像质计的摆放时一般在像质计下应放置一定厚度的垫片

第3章

78.射线照相灵敏度是相关参数综合的作用的结果，参数包括（   ）

 A.射线照相对比度（缺陷影像与其周围背景的黑度差） B.不清晰度（影像轮廓边缘黑度过渡区的宽度）

 C.颗粒度（影像黑度的不均匀程度） D.以上都是

第4章

79.射线源选择的要点有（　　）

A.穿透力　　B.灵敏度差异　　C.设备特点　　D.以上都是

80.射线透照工艺要考虑的是（　　）

A.射线胶片类型　　B.透照参数　　C.透照布置　　D.以上都是

81.x射线机与r射线机相比其优点是（　　）

A.设备简单　　B.不需外部电源　　C.射源体积小　　D.易于安全防护

82.透照厚度为150mm的钢对接焊缝，可选用的射线源是（　　）

A.300KV携带式X射线机　　B.420KV移动式X射线机　　C.Ir192γ射线源　　D.Co60γ射线源

83.Se-75γ射线适宜透照钢的厚度范围是（　　）

A.10~40mm　　B.20~100mm　　C.5~20mm　　D.60~150mm

84.Ir192γ射线适宜透照钢的厚度范围是（　　）

A.10~40mm　　B.20~100mm　　C.60~150mm　　D.20~120mm

85.对厚度为10mm，直径1200mm的筒体的对接环缝照相，较理想的射线源选择是（　　）

A.Ir192γ源　　B.B.锥靶周向X射线机　　C.单向X射线机　　D.平靶周向X射线机

86.下列四种放射性同位素中，可用来透照厚度为5-10mm的薄壁管，辐射特性类似200-250KVX射线的是（　　）

A.Ir192　　B.Cs137　　C.Se75　　D.Co60

87.利用γ射线探伤时，若要增加射线强度可以采用（　　）

A.增加焦距　　B.减小焦距　　C.减小曝光时间　　D.三者均可

88.关于射线透照的穿透力，说法正确的是（　　）

A.选择射线源的首要因素是射线源所发出的射线对被检试件具有足够的穿透力　　B.X射线探伤的穿透力取决于管电流

C.γ射线探伤的穿透力取决于射线源的活度　　D.Ir192与Se75检测时，穿透力相当

89.关于射线源的选择，下列说法错误的是（　　）

A.对轻质合金和低密度材料，最常用的射线源实际上是X射线　　B.同样要透照厚度小于5mm的钢，一般选用X射线

C.为提高批量检测的效率，尽量选用X射线　　D.厚度为50-150mm的钢，用X射线和γ射线的裂纹检出率相当

90.如果用铅箔增感屏拍照的射线照片上，物体图像清晰度不好，改善清晰度的一种可能的方法是（　　）。

A.改用粗粒胶片　　B.改用大焦点射线管　　C.增大源到胶片距离　　D.改用荧光增感屏

91.为了保证质量，选择源到胶片距离时必须考虑（　　）三个因素。

A.源放射性、胶片类型和屏的类型　　B.源放射性、胶片尺寸和材料厚度

C.源尺寸、源放射性和试样到胶片的距离　　D.源尺寸、试样厚度和几何不清晰度

92.为了提高透照底片的清晰度，选择焦距时，应该考虑的因素是（　　）

A.射源的尺寸，射源的强度，胶片类型　　B.工件厚度，胶片类型，射源类型

C.射源强度，胶片类型，增感屏类型　　D.射源尺寸，几何不清晰度，工件厚度

93.使用一放射性强度为10Ci的Se-75γ射线源，当焦距为400毫米时得到合适的曝光量，但影像不够清晰，若把焦距增加到800毫米，若曝光时间不变，问换用新的Se-75γ射线源其强度应为多少Ci？（　　）

A.20Ci　　B.30Ci　　C.40Ci　　D.60Ci

94.已知Ir192源的半衰期为75天，用一个新源在焦距为1000mm时进行射线照相得到满意的射线底片，150天后用该源对同一工件进行射线照相，焦距变为500mm，其他条件不变，为得到同样的底片，曝光时间（　　）

A.不变　　B.约延长100%　　C.约延长300%　　D.约延长60%

95.下列关于曝光量的说法中，错误的是（　　）

A.曝光量影响底片的黑度　　B.曝光量应不小于某一最小值　　C.曝光量不影响对比度和颗粒度

D.采用Y射线源透照时，总的曝光时间应不少于输送源往返所需时间的10倍

96.以相同的条件透照同一工件，若焦距缩短20%，则灵敏度稍有降低，而曝光时间可减少（　　）

A.64%   B.36%   C.30%   D.60%

97.用铅箔增感，焦距400mm曝光时间3分钟，得底片黑度2.5，现焦距改为800mm，底片黑度不变，曝光时间应为（   ）

A.12分钟   B.6分钟   C.5分钟   D.1.5分钟

98.小径管重叠成像法一般用于透照（   ）

A.直径小：Do≤20mm   B.壁厚大：T＞8mm   C.焊缝宽：g＞Do/4   D.以上都是

99.厚度为15mm，直径1000mm的筒体的对接环缝照相，较理想的选择是（   ）

A.Ir192γ源，中心透照法   B.锥靶周向X射线机，中心透照法

C.单向X射线机，外照法   D.平靶周向X射线机，中心透照法

100.环焊缝中心内透法的优点为（   ）

A.透照距离不变，透照厚度均匀，所得底片黑度和灵敏度均一，成像质量高   B.K值不变化，对横向缺陷的检出率高

C.一次曝光就能完成整条焊缝的透照，检测效率高   D.以上都对

101.当用焦距F小于曲率半径R的偏心内透照法检测环焊缝时，搭接标记应放置于（   ）

A. 胶片一侧   B. 射线源一侧   C. 胶片或射线源一侧   D. 以上都对

102.当采用F大于曲率半径R的偏心内透照法检测环焊缝时，搭接标记应放置于（   ）。

A.胶片一侧   B.射线源一侧   C.胶片或射线源一侧   D.以上都对

103.下列不需计算一次透照长度的透照方式是：（   ）

A.环缝单壁外透法   B.B.小径管双壁双影法   C.纵缝双壁单影法   D.环缝内透偏心法

104.表示工件厚度、管电压和曝光时间之间关系的曲线称为（   ）

A.衰变曲线   B.吸收曲线   C.曝光曲线   D.胶片特性曲线

105.每一台X射线探伤机都必须制作专用的曝光曲线，这是因为对于不同的仪器，即使高压和毫安示值相同，而所产生的X射线束的哪些参量是不同的？（   ）

A.低压与高压   B.管电流   C.曝光量   D.强度和波长

106.下列有关曝光曲线制作的叙述，正确的是（   ）

A.其它条件一定，管电压作为可变参数   B.其它条件一定，曝光量作为可变参数

C.其它条件一定，工件厚度作为可变参数   D.以上都是

107.针对特定的某台X射线探伤机，以下哪种条件改变时，不必重新制作曝光曲线（   ）

A.黑度   B.焦距   C.透照厚度   D.显影时间

108.下列有关曝光曲线使用的叙述，正确的是（   ）

A.只要X射线机的规格相同，其曝光曲线都是通用的   B.曝光曲线一定后，实际使用中可对暗室冲洗温度作修改

C.曝光曲线一般只适用于透照厚度均匀的平板工件   D.以上都是

109.对于厚度差较大的工件进行透照时，为了得到黑度和层次比较均匀的底片，一般做法是（   ）

A.增加曝光时间   B.提高管电流   C.提高管电压   D.缩短焦距

110.射线检测中比较大的散射源通常是（   ）

A.铅箔增感屏   B.暗盒背面铅板   C.地板和墙壁   D.被检工件

111.（理解）由被检工件引起的散射线是（   ）

A.背散射   B.侧向散射   C.正向散射   D.全都是

112.置于工件和射源之间的滤板可以减少从工件边缘进入的散射线，其原因是滤板（   ）。

A.吸收一次射线束中波长较短的部分   B.吸收一次射线束中波长较长的部分   C.吸收背散射   D.降低一次射线束的强度

113.射线探伤中屏蔽散射线的方法是（   ）

A.铅箔增感屏和铅罩   B.滤板和光阑   C.暗盒底部铅板   D.以上全是

114.锻件法兰对接焊缝射线照相，提高照相质量最重要的措施是（   ）

A.提高管电压增大宽容度   B.使用梯噪比高的胶片   C.使用屏蔽板减少"边蚀"   D.增大焦距提高小裂纹检出率

115.编制焊缝透照专用作业指导书必须明确的是（   ）

A.工件情况   B.透照条件参数   C.注意事项和辅助措施   D.以上都是

116.小径管环焊缝双壁双影透照时，适合的曝光参数是（   ）

A.较高电压、较短时间　　B.较高电压、较长时间　　C.较低电压、较短时间　　D.较低电压、较长时间

117.对于厚度差较大的工件进行透照时，为了得到黑度和层次比较均匀的底片，一般的做法是（　）

A.提高管电流　　B.提高管电压　　C.增加曝光时间　　D.缩短焦距

118.在同一个暗盒中装两张或两张以上不同感光速度的底片进行曝光的主要目的是（　）

A.为防止胶片处理不当而重新拍片　　B.为了防止探伤工艺选择不当而重新拍片

C.为了防止胶片上有缺陷而重新拍片　　D.用于厚度差较大工件的射线探伤，这样在不同厚度部位都能得到黑度适当的底片

119.下列关于小径管椭圆透照操作方法正确的是：（　）

A.为达到透照灵敏度，可以不考虑厚度宽容度　　B.椭圆开口度太小，会使源侧与片侧焊缝根部缺陷产生混淆

C.椭圆开口度大，有利于焊缝根部面状缺陷的检出　　D.以上都是

第5章

120.关于暗室布置，以下叙述正确的是（　）

A.暗室应分为干区和湿区两部分，两部分对温度和湿度无要求

B.暗室应分为干区和湿区两部分，其中干区应控制温度和湿度，而湿区只控制温度，不必控制湿度

C.暗室应分为干区和湿区两部分，其中干区应控制温度和湿度，而湿区温度和湿度都不需要控制

D.暗室应分为干区和湿区两部分，两部分均应控制温度和湿度

121.下列关于安全灯的描述正确的是（　）

A.对长期使用的安全灯应进行定期测试，而新购置的安全灯不必测试

B.安全灯允许的工作时间和工作距离是没有规定的的

C.安全灯允许的工作时间和工作距离是需要测定后确定的

D.因胶片对安全灯的颜色不敏感，所以每次胶片处理时对安全灯的使用次数无规定

122.关于暗室安全灯，下列说法正确的是（　）

A.安全灯应控制工作时间　　B.安全灯应控制工作距离　　C.安全灯性能应经过定期测试　　D.以上都是

123.下列哪种容器不能用来盛放显影液？（　）

A.不锈钢制　　B.铁制　　C.塑料制　　D.玻璃制

124. 下列哪种容器不能用来盛放显影液？（　）

A.不锈钢制　　B.搪瓷制　　C.塑料制　　D.铝制

125. 盛放显影液的显影槽不用时应用盖盖好，这主要是为了（　）

A.防止药液氧化　　B.防止落进灰尘　　C.防止水分蒸发　　D.防止温度变化

126.显影液、定影液配液时的要求是（　）

A.配液的容器应使用玻璃、搪瓷或塑料制品，也可使用不锈钢制品

B.配液用水直接可使用蒸馏水、去离子水、自来水和井水

C.配液的水温一般都在30~50℃　　D.配制好的药液可以立即使用

127.胶片处理的标准条件是（　）

A.显影：温度20±2℃，时间4~6min　　B.定影：温度16~24℃，时间5~15min

C.水洗：水温适当，时间30~60min　　D.以上都是

128.胶片处理的标准条件是（　）

A.显影：温度20±2℃，时间4~6min　　B.定影：温度16~24℃，"通透时间"　　C.干燥：温度≤40℃　　D.以上都是

129.胶片处理的操作要点是（　）

A.显影：预先水浸，过程中适当搅动　　B.定影：适当搅动　　C.水洗：流动水漂流　　D.以上都是

130.胶片处理的操作要点是（　）

A.显影：最初30s内部间断搅动，以后每隔30s搅动一次　　B.定影：适当搅动

C.干燥：去除表面水滴后干燥　　D.以上都是

131.关于胶片处理的药液配方，叙述正确的是（　）

A.显影液配方主要有米吐尔和菲尼酮两种　　B.常用定影液配方有天津、柯达等配方

C.停显配方中常用的主要成分是冰醋酸　　D.以上都是

132.“胶片系统”不包括（　　）

A.胶片　　B.曝光时间　　C.增感屏　　D.冲洗条件

133.“胶片系统”不包括（　　）

A.胶片　　B.增感屏　　C.射线源种类　　D.冲洗条件

134.“胶片处理条件”不包括胶片处理的（　　）

A.药液配方　　B.处理程序　　C.底片评定　　D.工艺参数

135.下列胶片处理中，耗时最长的是（　　）

A.显影　　B.停显　　C.定影　　D.水洗

136.下列胶片处理中，耗时最短的是（　　）

A.显影　　B.停显　　C.定影　　D.水洗

137.“胶片处理条件”不包括胶片处理的（　　）

A.药液配方　　B.处理程序　　C.场地器材条件　　D.底片评定

138.显影的目的是（　　）

A.使曝光的金属银转变为溴化银　　B.使曝光的溴化银转变为金属银

C.去除未曝光的溴化银　　D.去除已曝光的溴化银

139.显影速度慢，反差减小，灰雾增大，引起上述现象的原因可能是（　　）

A.显影温度过高　　B.显影时间过短　　C.显影时搅动不足　　D.显影液老化

140.停显的作用是（　　）

A.酸碱中和　　B.防止两色性雾翳　　C.延长定影液寿命　　D.以上都是

141.以下关于停显液的叙述，哪一条是错误的（　　）

A.停显液是酸性溶液　　B.使用停显液可防止两色性雾翳产生

C.使用停显液可防止定影液被污染　　D.为防止药膜损伤，可在停显液中加入坚膜剂无水亚硫酸钠

142.定影液是一种（　　）

A.酸性溶液　　B.碱性溶液　　C.中性溶液　　D.三者均不是

143.定影液使用一定的时间后会失效，其原因是（　　）

A.主要起作用的成分已挥发　　B.主要起作用的成分已沉淀

C.主要起作用的成分已变质　　D.定影液里可溶性的银盐浓度太高

144.以下关于水洗的叙述，哪一条是错误的（　　）

A.水洗的目的是为了防止底片变黄　　B.水洗应使用清洁的流水漂洗

C.为了提高水洗效率，水温越高越好　　D.水洗的时间与水温有关

145.用蒸馏水配制1%浓度的硝酸银溶液检测胶片水洗之后的质量，下列说法正确的是（　　）

A.颜色无变化——水洗充分　　B.颜色呈现微黄——不洗充分　　C.颜色呈现棕黄——水洗不足，应重水洗　　D.以上都是

146.以下关于干燥的叙述，哪一条是错误的（　　）

A.干燥应选择没有灰尘的地方进行　　B.干燥应在去除底片表面水滴后进行

C.干燥的方法有自然干燥和烘箱干燥两种　　D.为了提高干燥的效率，干燥温度越高越好

147.自动洗片机正式洗片前，先输入一张清洗片，其目的是（　　）

A.检查有无异常情况　　B.清除液桶上沾染的被空气氧化的显影液

C.清除液桶上沾染的被空气氧化的定影液　　D.以上都是

第6章

148.评片工作的基本要求的说法中，正确是（　　）

A.底片质量要求　　B.设备环境要求　　C.人员条件要求　　D.以上都是

149.对底片质量检查包括的项目是（ ）

A.灵敏度检查　　B.黑度检查　　C.伪缺陷检查　　D.以上都是

150.对底片的灵敏度检查的内容包括（ ）

A.底片上可识别的像质计影像　　B.像质计数量　　C.像质计摆放位置　　D.以上都是

151.底片灵敏度指的是（ ）

A.绝对灵敏度　　B.相对灵敏度　　C.像质计灵敏度　　D.以上都是

152.NB/T47013-2015标准对单胶片AB级透照技术等级的底片黑度的规定为（ ）

A.1.5≤D≤4.5　　B.2.0≤D≤4.5　　C.2.3≤D≤4.5　　D.以上都是

153.根据NB/T47013-2015标准，用X射线透照小径管或其他截面厚度变化大的工件，单底片观察评定时，AB级最低黑度值可为（ ）

A.0.5　　B.1.0　　C.1.5　　D.以上都不是

154.关于底片黑度，下列说法正确的是（ ）

A.底片的上限黑度是指底片两端焊缝余高中心位置的黑度

B.底片的下限黑度是指底片中部(中心处)焊缝两侧热影响区（母材）位置的黑度

C.只有焊缝各点的黑度均在规定的范围内方为合格

D.以上都不是

155.底片标记检查的项目包括（ ）

A.识别标记　　B.返修标记　　C.定位标记　　D.以上都是

156. 射线照相时，暗袋背面应贴附一个"B"铅字标记，下列说法不正确的是（ ）

A.用来检查曝光量是否符合要求的

B.评片时若发现在较黑背景上出现"B"字淡景象(浅白色)，则说明底片不合格

C.评片时若未见"B"字，或在较淡背景上出现较黑"B"字，则表示合格

D.黑"B"字是由于铅字标记本身引起射线散射产生了附加增感，可以作为底片质量判度的依据。

157.焊接缺陷对承压设备安全的影响主要表现（ ）

A.由于缺陷的存在，减少了焊缝的承载截面积，削弱了拉伸强度

B.由于缺陷形成缺口，缺口尖端会发生应力集中和脆化现象，容易产生裂纹并扩展

C.缺陷可能穿透筒壁，发生泄漏，影响致密性

D.以上都是

158.射线检测记录应包括（ ）

A.检测对象　　B.检测设备器材　　C.检测工艺参数　　D.以上都是

159.射线检测记录应包括（ ）

A.检测示意图（布片图）　　B.底片评定　　C.编制、审核人员及其技术资格　　D.以上都是

第7章

160.列说法错误的是（ ）

A.吸收剂量不足以说明生物体因受到辐射而产生的生物效应　　B.用辐射权重因子修正的平均吸收剂量即为当量剂量

C.X射线和γ射线的能量不管多高，辐射权重因子和始终为1　　D.所有组织权重因子的总和总是小于1

161.下列说法中正确的是（ ）

A.辐射监测的内容应包括辐射测量和参照电离辐射防护及辐射源安全基本标准对测定结果进行卫生学评价两个方面

B.工业射线照相中的辐射监测的内容主要是防护监测

C.辐射监测的内容应包括辐射测量和对测定结果进行卫生学评价两个方面

D.以上都是

162.辐射防护监测的实施包括的内容有（ ）

A.辐射监测方案的制定　　B.现场测量、照射场测量　　C.数据处理与结果评价　　D.以上都是

163.辐射防护监测特别强调（　　）

A.监测人员应经考核持证上岗　　　B.监测仪器要定期送计量部门检定

C.监测全过程要建立严格的质量控制程序　　　D.以上都是

164.关于场所辐射监测仪器，说法正确的是（　　）

A.用于场所辐射监测的仪器按体积、质量和结构可分为携带式和固定式两类

B.在场所辐射监测中，有用射线束的照射场内辐射水平很高，而一般散、漏射线的辐射水平较低

C.固定式监测装置一般分为主机和探头两部分

D.以上都是

165.GB 18871—2002《电离辐射防护与辐射源安全基本标准》规定了必须应进行个人剂量监测的情况，这些情况不包括（　　）

A.在控制区工作的工作人员　　　B.对于受照剂量始终不可能大于1mSv/a的工作人员

C.职业照射剂量可能大于5mSv/a的工作人员　　　D.有时进入控制区工作并可能受到显著职业照射的工作人员

166.辐射防护工作中，下列说法正确的是（　　）

A.监督区是指在辐射工作场所划分的一种区域，在该区域内要采取专门的防护手段和安全措施

B.控制区是通常不需要采取专门防护手段和安全措施但要不断检查其职业照射条件的区域

C.现场透照时，应根据剂量水平划分控制区和监督（管理）区

D.以上都是

167.关于个人剂量监测，下列说法正确的是（　　）

A.个人剂量监测是测量被射线照射的个人所接受的剂量，这是一种控制性的测量

B.个人剂量监测不仅有助于分析超剂量的原因，还可以为医生治疗被照射者提供有价值的数据

C.通常并不是任何外照条件下都需要进行个人剂量监测

D.以上都是

168.下列关于辐射监测仪器的说法正确的是（　　）

A.电离室、正比计数器和G—M计数管统称为气体电离探测器

B.气体电离探测器的工作原理是利用射线使气体发生电离的特性

C.电离室没有放大功能，其输出的电离电流很弱

D.以上都是

169.下列关于辐射监测仪器的说法正确的是（　　）

A.G—M计数管比电离室灵敏度高　　　B.电离室分辨时间太长，不能用于高计数率测量

C.G—M计数管灵敏度不是很高，但足够常规防护监测的需要　　　D.以上都是

170.关于闪烁探测器，说法正确的是（　　）

A.闪烁探测器的优点是对γ射线探测效率低　　　B.闪烁探测器的优点是灵敏度比G—M计数管高

C.闪烁探测器不能测量射线的强度和能量　　　D.以上都是

171. 下列辐射监测仪器中，灵敏度最高的是（　　）

A.气体电离室探测器　　　B.半导体探测器　　　C.闪烁探测器　　　D.以上灵敏度均差不多

172.辐射防护应遵循以下基本原则是（　　）

A.辐射实践的正当化　　　B.辐射防护的最优化　　　C.个人剂量限值　　　D.以上都是

173.根据《电离辐射防护与辐射源安全基本标准》（GB18871-2002），应对任何工作人员的职业照射水平进行控制，使之不超过下述限值（　　）

　　A.任何一年中的有效剂量，50mSv　　　B.眼晶体的年当量剂量，150mSv

　　C.四肢（手和足）或皮肤的年当量剂量，500mSv　　　D.以上都是

174.根据《电离辐射防护与辐射源安全基本标准》（GB18871-2002），对于年龄为16岁-18岁接受涉及辐射照射就业培训的徒工，应控制其职业照射使之不超过下述限值（　　）

　　A.年有效剂量，6mSv　　　B.眼晶体的年当量剂量，50mSv

　　C.四肢（手和足）或皮肤的年当量剂量，150mSv　　　D.以上都是

175.根据《电离辐射防护与辐射源安全基本标准》（GB18871-2002），对于公众的平均剂量估计值的限值，说法错误的

是（　）

A.年有效剂量，10mSv

B.特殊情况下，如果5个连续年的年平均剂量不超过1mSv，则某一单一年份的有效剂量可提高到5mSv

C.眼晶体的年当量剂量，15mSv

D.皮肤的年当量剂量，50mSv

176.工业射线检测的外照射防护的基本要素包括（　）

A.时间　　B.距离　　C.屏蔽　　D.以下都是

177. 已知放射性工作人员年剂量限值为50 mSv，一年的工作时间按50周计算，辐射场中某点的剂量率为50μSv/h，则在不超过剂量限值的情况下，问工作人员每周可从事工作时间为（　）

A.10h　　B.15h　　C.20h　　D.25h

178.如果一个工作人员每周的剂量限值为1000μSv，每周需要在某照射场停留40h。在不允许超过剂量限值的情况下，试问照射场中所允许的最大剂量率为（　）

A.20μSv/h　　B.25μSv/h　　C.30μSv/h　　D.35μSv/h

179.距离一个特定的γ源2m处的剂量率是400μSv/h，在距离源（　）米处的剂量率为25μSv/h。

A.6　　B.7　　C.8　　D.9

180.辐射防护中选择屏蔽材料要考虑的因素有（　）

A.防护性能　　B.结构性能　　C.稳定性能　　D.以上都是

181.一旦发生放射源事故，首先必须采取的正确步骤是（　）

A.报告环保、公安部门　　B.测定现场辐射强度　　C.制定事故处理方案　　D.通知所有人员离开现场

182.射线的生物效应，与下列什么因素有关（　）

A.射线的性质和能量　　B.射线的照射量　　C.机体的吸收剂量　　D.以上都是

183.辐射剂量监测主要分为（　）

A.工作场所辐射监测　　B.个人剂量监测　　C.身体检查　　D.A和B

184.当量剂量的SI单位是（　）

A伦琴（R）　　B戈瑞（Gy）　　C拉德（rad）　　D希沃特（Sv）

第8章

185.射线检测仪器设备的标识状态不包括（　）

A.合格　　B.不合格　　C.准用　　D.停用

186.射线检测档案中应包括（　）

A.射线检测委托单或检验检测合同　　B.射线检测工艺文件　　C.射线检测记录　　D.以上都是

答　案

判　断　题

第一部分

第 1 章

1.× 2.√ 3.√ 4.√ 5.× 6.√ 7.√ 8.× 9.× 10.√ 11.√ 12.× 13.√ 14.× 15.× 16.√ 17.√ 18.× 19.√ 20.×
21.√ 22.√

第 2 章

23.√ 24.× 25.√ 26.× 27.√ 28.√ 29.× 30.√ 31.√ 32.√ 33.× 34.× 35.× 36.√ 37.√ 38.√ 39.× 40.√ 41.×

第 3 章

42.× 43.√ 44.√ 45.× 46.√ 47.× 48.× 49.× 50.×

第二部分

第 1 章

51.× 52.× 53.× 54.√ 55.× 56.× 57.√ 58.√ 59.× 60.√ 61.× 62.× 63.√ 64.√ 65.√ 66.× 67.√ 68.× 69.×
70.× 71.√ 72.√ 73.× 74.√ 75.√ 76.× 77.√

第 2 章

78.× 79.× 80.× 81.√ 82.× 83.× 84.× 85.√ 86.√ 87.× 88.√ 89.√ 90.× 91.√ 92.√ 93.√ 94.× 95.× 96.√
97.× 98.× 99.× 100.× 101.√ 102.√ 103.√ 104.√ 105.× 106.× 107.√ 108.× 109.√ 110.× 111.√ 112.× 113.√
114.× 115.√ 116.× 117.√ 118.√ 119.√ 120.× 121.√ 122.√ 123.√ 124.× 125.× 126.× 127.√ 128.√ 129.√

第 3 章

130.× 131.× 132.× 133.× 134.√

第 4 章

135.× 136.√ 137.× 138.√ 139.× 140.√ 141.× 142.√ 143.× 144.√ 145.× 146.√ 147.× 148.√ 149.√ 150.×

151.√ 152.√ 153.× 154.√ 155.√ 156.×

第5章

157.× 158.× 159.√ 160.√ 161.× 162.√ 163.√ 164.× 165.× 166.× 167.√ 168.× 169.√ 170.× 171.√ 172.×
173.× 174.√ 175.× 176.× 177.√ 178.× 179.√ 180.√ 181.× 182.×

第6章

183.√ 184.√ 185.√ 186.√ 187.√ 188.× 189.× 190.√ 191.× 192.√ 193.× 194.√ 195.√

第7章

196.× 197.× 198.√ 199.√ 200.× 201.× 202.× 203.√ 204.√ 205.√ 206.√ 207.√ 208.√ 209.√ 210.× 211.√
212.√ 213.× 214.√ 215.√ 216.× 217.× 218.√ 219.× 220.× 221.√ 222.× 223.√ 224.× 225.× 226.√ 227.× 228.×
229.× 230.√ 231.× 232.√ 233.√ 234.√ 235.√ 236.√ 237.× 238.× 239.× 240.√ 241.√ 242.√

第8章

243.√ 244.× 245.√

选 择 题

第一部分

第1章

1.D 2.C 3.D 4.C 5.D 6.B 7.D 8.B

第2章

9.C 10.B 11.D 12.A 13.D 14.A 15.A 16.D 17.A 18.D 19.D

第3章

20.D 21.D 22.A 23.A 24.A 25.C 26.A 27.D 28.A 29.B 30.D 31.B 32.A

第二部分

第1章

33.B 34.C 35.B 36.C 37.D 38.D 39.A 40.C 41.D 42.C 43.B 44.D 45.A 46.D 47.B 48.D 49.C 50.B 51.A

第 2 章

52.B 53.A 54.D 55.D 56.D 57.C 58.D 59.A 60.D 61.A 62.C 63.D 64.D 65.D 66.A 67.C 68.D 69.C 70.A 71.D 72.D 73.B 74.A 75.D 76.D 77.C

第 3 章

78.D

第 4 章

79.D 80.D 81.D 82.D 83.A 84.B 85.B 86.C 87.B 88.A 89.D 90.C 91.D 92.D 93.C 94.A 95.C 96.B 97.A 98.D 99.B 100.D 101.B 102.A 103.B 104.C 105.D 106.D 107.C 108.C 109.C 110.D 111.C 112.B 113.D 114.C 115.D 116.A 117.A 118.D 119.B

第 5 章

120.D 121.C 122.D 123.B 124.D 125.A 126.A 127.D 128.D 129.D 130.D 131.D 132.B 133.C 134.C 135.D 136.B 137.D 138.B 139.D 140.D 141.D 142.A 143.D 144.C 145.D 146.D 147.D

第 6 章

148.D 149.D 150.D 151.C 152.B 153.C 154.D 155.D 156.C 157.D 158.D 159.D

第 7 章

160.D 161.D 162.D 163.D 164.D 165.B 166.C 167.D 168.D 169.A 170.B 171.B 172.D 173.D 174.D 175.A 176.D 177.C 178.B 179.C 180.D 181.A 182.D 183.D 184.D

第 8 章

185.B 186.D